GENGDI

耕地地力评价报告

——以甘孜藏族自治州为例

GENGDI DILI PINGJIA BAOGAO
YI GANZI ZANGZU ZIZHIZHOU WEILI

主　编　李　良　　张锡洲
副主编　张　翼　马代君　唐　毓

西南财经大学出版社

图书在版编目(CIP)数据

耕地地力评价报告:以甘孜藏族自治州为例/李良,张锡洲主编 . —成都:西南财经大学出版社,2016.4

ISBN 978 − 7 − 5504 − 2346 − 6

Ⅰ.①耕… Ⅱ.①李…②张… Ⅲ.①耕作土壤—土壤肥力—土壤调查—甘孜藏族自治州②耕作土壤—土壤评价—甘孜藏族自治州 Ⅳ.①S159.271.2②S158

中国版本图书馆 CIP 数据核字(2016)第 048488 号

耕地地力评价报告:以甘孜藏族自治州为例
主编:李　良　张锡洲

责任编辑:李　才
助理编辑:周晓琬
责任校对:唐一丹
封面设计:墨创文化
责任印制:封俊川

出版发行	西南财经大学出版社(四川省成都市光华村街 55 号)
网　　址	http://www.bookcj.com
电子邮件	bookcj@foxmail.com
邮政编码	610074
电　　话	028 − 87353785　87352368
照　　排	四川胜翔数码印务设计有限公司
印　　刷	郫县犀浦印刷厂
成品尺寸	170mm × 240mm
印　　张	10.5
字　　数	185 千字
版　　次	2016 年 4 月第 1 版
印　　次	2016 年 4 月第 1 次印刷
书　　号	ISBN 978 − 7 − 5504 − 2346 − 6
定　　价	58.00 元

耕地地力评价报告
——以甘孜藏族自治州为例编写组

主　编：李　良　甘孜藏族自治州农技土肥站
　　　　张锡洲　四川农业大学

副主编：张　翼　甘孜藏族自治州农技土肥站
　　　　马代君　甘孜藏族自治州农技土肥站
　　　　唐　毓　四川农业大学

序　言

　　土壤是人类生产和生活中一项重要的资源。珍惜、合理利用和保护耕地，是我国的一项基本国策。重视耕地质量建设，开展耕地地力评价，实现耕地资源科学管理，是合理利用和保护耕地的一项重要工作。

　　甘孜藏族自治州（简称甘孜州）是四川省 2009 年首批国家测土配方施肥项目合并实施单位之一。甘孜州各级政府十分重视此项工作的开展，从项目落实、人员组织、资金协调等方面采取了有力措施，确保了项目工作的顺利完成。按照农业部办公厅《农业部办公厅关于编制 2009 年测土配方施肥补贴项目实施方案的紧急通知》《测土配方施肥试点补贴资金管理暂行办法》（财农〔2005〕101 号）要求，根据农业部办公厅《关于做好耕地地力评价工作的通知》（农办农〔2007〕66 号）和四川省农业厅《关于印发四川省耕地地力评价工作方案的通知》（川农函〔2008〕36 号）等相关文件精神，甘孜州农业局利用 2009—2013 年测土配方施肥取土分析、农户施肥调查、田间试验、示范推广取得的成果，按照《县域耕地资源管理信息系统数据字典》，以四川农业大学养分管理课题组作为技术支撑，经州、县、乡镇广大基层干部、群众和农业科技人员的辛勤劳动，利用 GPS 定位系统、GIS 系统和 ArcGIS 系统等现代科技，核准了耕地类型并获得矢量化土壤类型图，掌握了耕地土壤理化性质现状、变化趋势与分布情况，构建了全州主要作物施肥量分区图，摸清了耕地地力等级、现状与分布情况，建立和完善了甘孜州土壤资源的属性数据库和空间数据库，建成了甘孜州县域耕地资源管理信息系统，完成了甘孜州耕地地力评价工作，形成了《耕地地力评价报告——以甘孜藏族自治州为例》和相关的图件资料等。

　　《耕地地力评价报告——以甘孜藏族自治州为例》分技术报告、专题报告、工作报告三大部分。该书较为系统地分析和介绍了甘孜州的自然与农业生产概况、耕地地力评价技术路线、耕地土壤、立地条件与农田基础设施、耕地土壤属性、耕地地力、对策与建议等；形成了甘孜州耕地地力调查点位图、主要土壤养分分区图、主要作物（油菜、玉米、青稞、马铃薯）测土配方推荐施肥分区图等；基本摸清了耕地土壤养分现状与变化趋势，为肥料的合理区划和合理施用、提高肥料利用率、降低生产成本、减轻农业面源污染，提供了科学依据。根据耕地地力等级分布图和地力评价指标体系，本书查清了各级耕地分布状况和主要障碍因子以及耕地的生产潜力，为因土利用、因土改良培肥提供了决策依据。通过建立的县级耕地资源管理信息系统数据库和县级耕地资源管理信息系统，实现耕地资源、土壤养分信息的高效有序管理，为县域耕地地力评价项目结合当地农业农村经济发展实际，对耕地质量建设和生产能力建设，保障粮食和生态安全，发展高产、优质、高效、安全农产品生产等，具有十分重要的战略意义。

《耕地地力评价报告——以甘孜藏族自治州为例》一书内容详实，数据充分，对策建议结合实际，科学性、可行性、实用性较强。该成果的形成，是全州相关部门和广大干部群众、农业科技人员及四川农业大学相关教授、专家和科技工作者辛勤劳动的结晶，对于全州开展科学施肥、耕地质量建设和生产能力建设，发展现代农业具有很强的指导作用。本书可作为全州各级农业或相关部门、领导干部、农业科技人员指导农业、农村经济发展的参考资料和工具书。

编写组

2015 年 10 月

目　录

1 工作报告

为了查清甘孜藏族自治州（简称甘孜州）的耕地质量状况，推进种植业结构调整和主要农产品生产向优势区域集中，确保有限耕地资源的可持续利用，2009年甘孜州被农业部确定为测土配方施肥项目实施点之一，测土配方施肥工作按照"一定三年不变"方式整体推进。在此基础上，根据农业部测土配方施肥项目的项目要求组织开展耕地地力评价工作。为了把此项工作做好，甘孜州农业局委托四川农业大学作为技术依托单位，在甘孜州农业局的主持下，在四川省农业厅土壤肥料与资源环境处的鼎力支持下，按照《测土配方施肥技术规范》，制订实施方案，完成了样点布设、野外调查和采样、分析测试、调查资料的整理和录入、田间试验示范、耕地质量信息系统建立、地力等级实地校验、报告编写等各项工作，较好地完成了任务。

1.1 目的意义

甘孜州耕地地力评价工作的目的是为了查明甘孜州农用地土壤资源状况（数量、质量），为耕地利用与管理提供科学依据。这对实现耕地资源的可持续利用，对促进甘孜州农业可持续发展有着十分重要的意义。人多耕地少，耕地后备资源严重不足，耕地质量退化以及农田环境污染日趋严重是我国的基本国情。合理利用现有的耕地资源，保护耕地的生产能力，治理退化和被污染的土壤是我国农业可持续发展乃至整个国民经济发展的基础和保障。农产品的产地环境质量是食品安全的重要基础，是生产优质、安全农产品的必备条件。化肥和农药的施用对于保证农产品的产地环境质量，以及在提高产量的同时减少对环境的负面影响起到决定性作用。合理施肥必须依赖于对耕地资源的充分了解。科学地管理耕地资源，为农业决策者供决策支持，为农民提供帮助，已成为农业生产的重大研究课题，也是当前农业科研的热点问题。

利用全国测土配方施肥财政补贴项目产生的大量土壤测试，田间调查和试验、示范数据，开展耕地地力评价工作，既是项目需要，也是现实需求。《2008 年全国测土配方施肥工作方案》明确要求，"要按照耕地地力调查技术规程的要求，抓紧开展有关评价技术培训，开展耕地地力评价的试点工作。"《四川省 2009 年测土配方施肥补贴项目实施方案》也规定，"项目新建县的主要任务是：充分利用外业调查和分析化验等数据，结合第二次土壤普查、土地利用现状调查等成果资料，并按照各项目县年度工作目标要求，开展耕地地力评价工作，完成相应项目任务。"测土配方施肥技术推广和耕地地力评价，在工作目标、工作内容、组织形式、技术路线、成果表达方式等方面都有一定差别，将这两项工作进行结合，主要是因为当前我国耕地质量问题突出。摸清我国耕地土壤的肥力状况、土壤退化状况和耕地综合生产能力状况，对提高农业综合生产能力，实现农业增效、农民增收、促进农业的可持续发展都非常重要。在以有限财力优先支持测土配方施肥的前提下，如何利用原有相关项目的工作成果，保证测土配方施肥的调查数据、分析测试数据和田间实验示范数据的质量，如何对这些数据进行有效管理，如何利用这些数据对项目县的耕地地力状况进行评价等，都是土壤肥料行政管理部门需要思考的重要问题，也是目前全国土壤肥料技术推广事业蓬勃发展的实践要求。

通过耕地地力评价，可以准确掌握甘孜州范围内耕地质量状况，以及不同等级耕地的分布情况和限制因子，从而因地制宜地加强耕地质量建设、更为科学地指导各县种植业结构调整，这对实现科学合理施肥、无公害农产品生产和食品安全等方面都具有重要的现实意义。

1.2 工作目标和预期成果

甘孜州是 2009 年测土配方施肥项目打捆县。根据农业部办公厅《农业部办公厅关于编制 2009 年测土配方施肥补贴项目实施方案的紧急通知》《测土配方施肥试点补贴资金管理暂行办法》（财农〔2005〕101 号）的要求，甘孜州耕地地力评价工作的重点任务为建立规范的测土配方施肥数据库和区域耕地资源空间数据库、属性数据库，开展区域耕地地力评价工作，构建耕地资源管理信息系统。

1.2.1　工作目标

根据现有资料的情况，甘孜州耕地地力评价工作的工作目标为：

①摸清甘孜州耕地土壤养分现状与变化趋势；

②制作甘孜州主要农作物（油菜、玉米、青稞、马铃薯）施肥分区图，实现甘孜州耕地资源的合理规划和合理施肥，提高肥料利用率，降低农业生产成本，减轻农业面源污染；

③建立甘孜州耕地地力评价指标体系，进行耕地地力评价，查清甘孜州各等级耕地分布状况和主要障碍因子以及耕地生产潜力等；

④建立甘孜州耕地资源管理信息系统，实现耕地资源、土壤养分信息的高效有序管理，使甘孜州的耕地力评价工作紧密结合当地农业生产实际，为耕地土壤培肥、耕地质量建设、保障粮食和生态安全、农业优势特色产业发展和中低产田改造提供重要的技术支撑，为农业生产管理决策提供依据。

1.2.2　预期成果

按照农业部颁布的《测土配方施肥技术规范》要求和四川省农业厅土壤肥料与资源环境处的具体要求，甘孜州耕地地力评价工作的主要成果是：

①完成了甘孜州耕地地力评价报告（工作报告、技术报告、专题报告）；

②制作了一套完整的图件（甘孜州地力调查点位分布图，甘孜州土壤养分分布图，甘孜州油菜、玉米、青稞和马铃薯推荐施肥分区图，甘孜州耕地地力等级分布图）；

③建立了一个系统（甘孜州耕地资源管理信息系统）。

1.3　工作组织

1.3.1　成立工作领导小组和专家技术组

甘孜州是 2009 年四川省测土配方施肥项目打捆实施单位，根据农业部测土配方施肥与耕地地力评价相结合的总体要求，州政府成立了由分管农业的副州长任组长，州农业局局长、州财政局分管副局长任副组长，各县农业部门主要负责人为成员的项目领导小组。领导小组办公室设在甘孜州农技土肥站，负责日常工作。同时，还成立了以州农业局分管土肥工作副局长为组长，土肥站站长为副组长的"甘孜州测土配方施肥技术小组"，负责项目技术指导，特聘请四川农业大学作为技术支撑单位。

1.3.2 采用多种形式，强化技术培训与交流

为了更好地提高完成耕地地力评价工作的水平，甘孜州做了五方面工作：一是组织技术依托单位及专业技术人员参加四川农业大学举办的培训班；二是系统培训学习了《耕地地力调查与质量评价技术规程》与外业调查实地操作；三是组织参与项目技术人员集中交流、讨论评价工作中遇到的问题和解决方法；四是将耕地地力评价工作进展和阶段性成果与技术依托单位进行常态化交流；五是聘请熟悉甘孜州土壤、肥料情况的科技人员、干部和退休老科技人员做技术指导。

1.3.3 明确职责分工，强化责任落实

耕地地力评价技术环节多、合作单位多、从业人员多。为此，工作组结合实际，对相关环节进行了合理划分，进一步明确了与技术依托单位之间的具体职责。通过探讨和协商，州级农业技术部门主要完成基础资料收集，化验分析数据提交，评价结果的实地校验，评价报告的汇总与编写，评价成果的发布、应用与管理；技术依托单位主要完成耕地地力评价有关技术工作，包括基础图件矢量化、空间数据库建立、评价指标体系建立、地力评价、耕地资源管理信息系统建设、图件编制和报告撰写等工作。

1.3.4 加强质量控制，提升评价效果

为保证耕地地力调查的质量，提高调查结果的科学性、可靠性，在耕地地力调查的整个过程中，工作小组加强了野外取样、样品测试分析、质量管理信息系统等方面的质量控制，做到"五个统一"：统一技术规程、统一调查表格、统一统计口径、统一汇总方法、统一评价标准。

1.4 工作成果

甘孜州测土配方施肥项目耕地地力评价工作达到了查清耕地基础生产能力、土壤肥力状况和土壤障碍因素的目的，取得了丰硕的成果。这次耕地地力调查工作有三个特点：一是起点高。这次调查是在第二次土壤普查和已建有的土地利用现状数据库基础上进行，这样不仅能为这次调查提供较好的图件数据

资料，还可以提供一套计算机数据库系统。二是技术含量高。本次调查将充分应用"3S"技术，即 R-卫星遥感技术，GIS-地理信息系统，GPS-全球定位系统，全面采用分辨率为 2.5 米的法国 SPOT5 卫星数据，利用 GPS 进行卫星数据纠正和野外核查，采用 MAPGIS 进行管理。三是成果应用性好。本次调查不但可以提供一套现代化、数字化、信息化程度高的土地利用现状调查资料，也为全州规划修编、领导决策、用地报件等提供了准确的数据和图件。

1.4.1 核准了耕地土壤类型并获得矢量化土壤类型图

按照四川省农业厅下发的《四川省土壤分类代码与中国土壤分类代码对照表》，本研究报告制定了甘孜州土壤分类代码与四川省土壤分类代码对照表，将土壤发生分类系统参比到中国土壤系统分类中，为耕地地力评价工作打实了基础。将第二次土壤普查制作的甘孜州土壤类型图矢量化，今后应用更方便。

1.4.2 掌握了耕地土壤理化性状变化与分布情况

本报告构建了第二次土壤普查和本次测土配方施肥土壤养分数据库。依托 ArcGIS9.2 平台，编制了甘孜州耕地土壤有机质含量分布图、甘孜州耕地土壤全氮含量分布图、甘孜州耕地土壤碱解氮含量分布图、甘孜州耕地土壤有效磷含量分布图、甘孜州耕地土壤速效钾含量分布图及甘孜州耕地土壤酸碱度分级图，掌握了这些指标的分布趋势，并按照养分的丰缺标准摸清了甘孜州耕地土壤养分的丰缺状况，在此基础上结合第二次土壤普查的资料，掌握了土壤养分等指标的时空变化特征。

1.4.3 构建了全州范围内主要作物施肥分区图

利用土壤碱解氮、有效磷和速效钾含量分布图叠加生成施肥单元，结合施肥指标体系，利用克里格插值和栅格赋值相结合的方法绘制了甘孜州范围内四种作物的氮、磷、钾单质和综合推荐施肥分区图（甘孜州油菜氮肥推荐施肥分区图、甘孜州油菜磷肥推荐施肥分区图、甘孜州油菜钾肥推荐施肥分区图、甘孜州油菜测土配方推荐施肥分区图；甘孜州玉米氮肥推荐施肥分区图、甘孜州玉米磷肥推荐施肥分区图、甘孜州玉米钾肥推荐施肥分区图、甘孜州玉米测土配方推荐施肥分区图；甘孜州青稞氮肥推荐施肥分区图、甘孜州青稞磷肥推荐施肥分区图、甘孜州青稞钾肥推荐施肥分区图、甘孜州青稞测土配方推荐施肥分区图；甘孜州马铃薯氮肥推荐施肥分区图、甘孜州马铃薯磷肥推荐施肥分区图、甘孜州马铃薯钾肥推荐施肥分区图、甘孜州马铃薯测土配方推荐施肥分区图）。

1.4.4 摸清了耕地地力等级现状与分布情况

根据农业部耕地地力评价技术路线，本报告应用四川省耕地地力评价指标体系中川西北高原区确定的评价指标，结合甘孜州实际情况，选定有效磷、速效钾、质地、pH值、有机质、海拔、地形部位、常年降雨量、坡向、侵蚀程度、灌溉能力11个指标构成评价指标体系，进行甘孜州耕地地力评价。根据甘孜州耕地的实际情况和计算出的耕地地力综合指数分布情况，用样点数与耕地地力综合指数制作累积频率曲线图，根据样点分布的频率，分别用耕地地力综合指数>0.845、0.796~0.845、0.750~0.796、0.680~0.750、<0.680，将甘孜州耕地分为1~5级，划分出甘孜州耕地地力等级。一级地有79 051亩（1亩≈666.67平方米，下同），占全州耕地面积的5.86%；二级地有198 278亩，占全州耕地面积的14.69%；三级地有322 590亩，占全州耕地面积的23.90%；四级地有576 461亩，占全州耕地面积的42.70%；五级地有173 590亩，占全州耕地面积的12.86%。全州现有耕地中，高产田有277 329亩，占全州耕地面积的20.54%；中低产田共有1 072 641亩，占全州耕地面积的79.46%。

1.4.5 建立了县域耕地资源管理信息系统

在县域耕地资源管理信息系统V4.0的支持下，本报告以甘孜州行政区域内的耕地资源为管理对象，通过GIS技术对耕地、土壤、农业经济等方面的空间数据和属性数据进行统一管理。在此基础上，本报告应用模糊分析、层次分析等数理统计方法进行耕地地力、耕地适应性等系列评价，建立了甘孜州耕地资源管理工作空间，并从空间数据和属性数据两个方面对第二次土壤普查的数据进行了抢救性的保护。通过工作空间的数据，可以在县域耕地资源管理信息系统V4.0的界面中实现耕地养分状况、成土母质、地形部位等情况的查询。

1.4.6 撰写了甘孜州耕地地力评价报告

按照工作安排，按时撰写完成甘孜州耕地地力评价报告，包括甘孜州耕地地力评价技术报告、甘孜州耕地地力评价专题报告和甘孜州耕地地力评价工作报告。

1.5 主要做法与经验

本次调查充分发挥了各方面的积极因素，克服了时间短、工作量大、专业人员少的不利影响，顺利地完成了工作。主要做法如下：

1.5.1 领导重视，为地力评价工作的完成提供有力保障

为了搞好耕地地力调查工作，甘孜州农业技术部门的领导、技术人员和四川农业大学的专家均给予了高度重视。在项目实施过程中，甘孜州工作小组与四川农业大学的专家多次商谈资料收集、图件收集、图件的数字化处理、报告撰写等事宜。在领导的重视下，甘孜州工作小组深入领会了耕地地力评价的三大任务：一是应用测土配方施肥数据汇总软件和县域耕地资源管理信息系统，对测土配方施肥数据、第二次土壤普查空间数据和属性数据进行数字化管理；二是利用县域耕地资源管理信息系统，编制土壤养分、耕地地力等级、作物测土配方施肥分区等数字化图件；三是编印县域耕地地力评价成果报告，包括技术报告、专题报告和工作报告等。州级农业部门多次强调耕地地力调查工作是甘孜州土壤生态建设的重要任务之一，要求无论多艰苦、多困难一定要完成好。项目组全体人员齐心协力，全心投入到该项工作中去。在四川省农业厅土壤肥料与资源环境处的鼎力支持下，甘孜州通过整合内部人力资源，从野外调查、采样点的布点、野外采样、农户调查、检测化验、属性空间数据库的建立、耕地资源管理信息系统的建立到成果报告书的编写，一步一个脚印，在领导的重视下得以完成。因此领导重视是顺利完成测土配方施肥项目地力评价工作的有力保障。

1.5.2 采用正确的方式方法

由于耕地地力评价涉及的图件资料和文字资料非常多，甘孜州工作小组提前开展了资料的收集工作，通过和国土、民政部门等的协商，获得了土地利用现状图、行政区划图等图件，为后期的耕地地力评价工作奠定了基础。结合当地实际，甘孜州工作小组认真地制订了工作方案，明确了测土配方施肥地力评价工作的指导思想及总体目标要求、工作的重点、实施措施及组织方式、进度要求。根据各个单项的具体工作逐项分解，在工作小组的统一调配下，形成一级抓一级、层层抓落实，分工明确、责任到人的工作机制，切实把测土配方施

肥项目地力评价工作的各项任务落实到实处。

1.5.3 建立质量控制体系，确保各项工作保质保量地完成

在耕地地力调查的整个过程中，质量控制是关系到调查结果可靠与否的关键因素。为此，甘孜州农业局主要抓了以下环节：一是做好调查样品的布点工作。在布点前，农业局土肥站全面收集各种相关资料、掌握全州的基本耕地情况。根据实施方案所提出的布点原则，每80亩左右布置1个采样点。在图上布好样点后，工作组再次将其与第二次土壤普查相关资料进行对比，确保图上所布点位尽量具有代表性。二是做好农户调查和野外采样工作。农户调查和野外采样是最容易产生误差的关键环节。在农户调查时，农业局土肥站详细询问了农户的生产状况，做到调查表中所有的项目全记录。采样工作严格按农业部土样采集技术规范进行操作。三是做好样品的化验工作。在样品分析中，严格按照全国农业技术推广服务中心编的第二版《土壤分析技术规定》的测定方法和程序进行，为确保检验结果的准确性，要求每个测试项目都要在每批样中夹带标样测定，严格控制精密度和准确度，审核检测化验的质量。化验室结果出来后，工作人员马上进行核对，对有疑问的进行了复测。四是做好信息系统的构建。逐一核实建立信息系统需要的重要的资料，对获得结果的质疑之处提出修改建议，力求真实、准确。

1.5.4 加强交流与合作，积极发挥专家作用

甘孜州农业局在实施测土配方施肥地力评价工作过程中，通过与科研单位和院校的合作，为科技成果转化创造了良好的条件，取得了不少新的成绩。根据耕地地力评价工作任务重、技术要求高的特点，为高质量地完成耕地地力评价工作，2011年，甘孜州农业局根据四川省农业厅土壤肥料与资源环境处的推荐，通过对设备设施、工作基础、技术力量等的综合比较，选定四川农业大学为技术依托单位。为了保证评价工作的进展和成果质量，在耕地地力评价过程中，甘孜州工作小组要经常与技术依托单位进行交流沟通，这为测土配方施肥项目的全面发展做出了应有的贡献。如在化验室建设、植株样品分析、田间试验示范、配方肥的推广、地力评价等事项上，甘孜州工作小组均与合作单位、技术支持单位紧密合作，并在技术交流、工作协作中将其引进、消化、积累成为自我的先进技术，为以后的研发工作奠定了基础。

1.6 存在的问题和建议

1.6.1 存在问题

1.6.1.1 时间仓促、基础工作量大

耕地地力评价工作的时间安排短、培训时间迟，数据资料的形成、收集、录入、校正等工作量大，这些都加大了耕地地力评价工作难度。

1.6.1.2 地力调查表填写不规范

由于取样调查时地力调查表填写不规范、不完整，给地力评价时的指标提取造成很大困难。

1.6.2 建议

1.6.2.1 进一步加大培训工作力度

耕地地力评价是一项庞大的系统工程，涉及面广、专业性强、技术要求高，对州、县级土肥站来说是一项全新的工作。限于州、县能胜任该项工作的人才稀缺，建议部、省二级按照项目推进速度，分县域与技术环节举办技术培训班与交流活动。

1.6.2.2 进一步完善县域耕地资源管理信息系统

一是规范统一《县域耕地资源管理信息系统》与《测土配方施肥数据汇总系统》的要素描述；二是县域耕地资源管理信息系统软件中制作的图件不能打印大幅面的图，而需在 ArcGIS 中重新制作，建议将 ArcGIS 系统作为数据管理和查询的平台并进一步完善数据处理的速度。

1.7 附件

大事记：

① 2011 年，完成所有测土配方施肥耕地地力评价所需资料的收集工作；

② 2011 年 6 月，确定四川农业大学为技术依托单位；

③ 2011 年 6 月，与技术依托单位签订技术服务协议；

④ 2012 年 6 月，参加四川省耕地地力评价技术培训，将耕地地力评价所需资料交付技术依托单位；

⑤ 2012 年 8 月，技术依托单位来甘孜州与有关专家商定评价指标；

⑥ 2012 年 12 月，技术依托单位将耕地地力评价的各种成果图件交给区农业局检查；

⑦ 2013 年 2 月，技术依托单位将耕地地力评价的技术报告交给区农业局检查；

⑧ 2013 年 2 月，技术依托单位到甘孜州进行评价成果实地校核；

⑨ 2013 年 2 月 27~28 日，技术依托单位培训区耕地地力评价系统操作人员；

⑩ 2013 年 3 月，技术依托单位根据甘孜州农业局土肥站意见修改完善成果图件、技术报告、专题报告，并完成耕地地力评价工作报告，将其交付甘孜州农业局；

⑪ 2013 年 10 月，省上验收合格，并提出对耕地地力评价报告的修改完善意见；

⑫ 2014 年 5 月，完成耕地地力评价报告修改完善工作。

2 技术报告

2.1 前言

2.1.1 立项背景

我国幅员辽阔，国土面积960万平方千米，耕地总资源居世界第四位，但人均占有耕地资源则远远低于世界平均水平。全国耕地人均保有量仅1.4亩，为世界平均水平的40%。今后随着社会经济的发展，耕地资源的紧缺将使粮食供给在较长时间内面临着较大的压力。同时，我国农村人口众多，地区间差异较大，农户平均耕地仅7.3亩，只相当于美国农户平均耕地的1/400，日本的1/10。近年来，随着我国工业化和城市化进程的加快，以及建设用地、生态退耕和农业产业结构调整等多方面因素综合作用，耕地资源产生了一系列的问题：耕地面积逐年减少，人地矛盾日趋尖锐；耕地整体质量呈恶化趋势；耕地资源空间分布不均衡，水土资源匹配不协调；耕地后备资源日益匮乏，开发整理复垦难度增大。而有关资料表明，全国耕地面积已从1996年的19.5亿亩，减少到2006年的18.27亿亩，10年间共减少1.23亿亩，减幅达6.31%。现有耕地中质量较差、产量不高、中低产田土占耕地总面积的72%，60%~70%的耕地存在诸如侵蚀、瘠薄、渍涝、盐碱、板结、砾石、砂姜层、潜育层等主要限制因素。全国现有后备耕地资源人均仅为0.114亩，且区域分布不均，绝大部分分布在中西部地区。当前，我国正面临耕地数量锐减、质量下降和资源浪费等严峻的问题，这使国家粮食安全和农业可持续发展受到前所未有的威胁。耕地是农业生产、农民生活的基本生产资料。在人均耕地少和耕地后备资源紧缺的基本国情下，提高现有耕地质量是保障我国粮食安全的基石。随着我国的耕地质量和土壤肥力状况发生的重大变化，迫切需要对耕地进行新一轮的地力调查和质量评价。开展耕地地力评价是测土配方施肥补贴项目的一项重要内容，是促进耕地资源的合理利用、提高和培肥地力、保护耕地质量的基础性工作，对提高耕地经济效益、生态效益和社会效益具有重要意义。

2005年、2006年中央相继出台1号文件，主题为"大力加强耕地质量建设，实施新一轮沃土工程，科学施用化肥，引导增施有机肥，全面提升地力！"其目的是把我国的耕地资源评价与保护工作、全面开展测土配方施肥工作提高到一个新的高度。为贯彻落实中央1号文件和国务院领导批示精神，四川、安徽、河南、湖北等省测土配方施肥工作走在全国前列，为各地耕地地力调查提供了大量可靠的数据。如何利用全国测土配方施肥财政补贴项目产生的大量数据，开展耕地地力评价，是测土配方施肥财政补贴项目的具体要求。"十分珍惜、合理利用土地和切实保护耕地"是我国的基本国策。如何重视耕地质量建设，如何落实耕地地力评价，如何实现耕地科学管理，在相当长的时期内，都是我国政府和科研工作者亟待解决的课题。测土配方施肥财政补贴项目2005年起在全国范围内的实施，进行了大量的田间调查、农户调查、土壤和植物样品分析测试，产生了大量的田间试验数据。充分利用这些数据和县域耕地资源管理信息系统，并结合全国第二次土壤普查以来的土壤肥料历史资料，开展县域耕地地力评价，是测土配方施肥工作的重要内容，是加强耕地质量建设、保障粮食安全和生态安全的重要基础，也是建立耕地质量预测预警体系的重要前提。

我国是一个人口众多，耕地后备资源又相对不足的国家，农业的增长主要依赖于作物单产的提高，而肥料的施用对作物单产的提高起着十分重要的作用。近年来，中国化肥工业稳步发展，化肥产量逐年增加，化肥自给率迅速提高。但全国肥料使用存在着一些突出问题，如肥料品种之间、地区之间、作物之间不平衡，肥料撒施、表施现象较为普遍，相当一部分地区过量施肥现象较为严重。这些问题不仅造成肥料利用率低下，生产成本增加，耕地地力下降，而且还会降低农产品品质，导致严重的环境污染。加入WTO以后，我国农业面临更大的挑战。如何调整农业结构，以满足国内市场对农产品多样化的需求，并应对国际市场的竞争？如何合理保证农产品的产地环境质量，生产优质、安全的农产品？如何合理施肥，在提高产量的同时减轻对环境的负面影响？这些问题的解答都依赖于对耕地资源的充分了解。科学地管理耕地资源，为决策者提供决策支持，为农民提供帮助，已成为农业生产的重大研究课题，也是当前农业科研的热点问题。

2.1.2 目的意义

实现我国粮食基本自给，解决农业生产可持续发展、农民生活富裕、农村社会繁荣的多重目标，是农业生产管理部门和农业科研部门今后工作中所面临的重要课题。我国是世界人口最多的大国，粮食进口量的细微变化就可能引起国际市场价格的波动。近年来，国际粮食贸易基本趋于稳定，年均贸易量大体保持在4 800亿斤（1斤＝0.5千克，下同），约为我国粮食年度总产量的50%左右。我国粮食进口占国内需求量的1%，就相当于国际粮食贸易量的2%，我国粮食进口存在着明显的"大国效应"。我国在粮食安全战略上，必须坚持基本立足国内，保障供给的方针。做好土壤改良为重点的农田基础设施建设，坚持作物用肥科学化、合理化，加强对粮食生产的施肥技术指导，对从根本上保障国家粮食安全和缓解环境压力具有重要的现实意义。

为了保证我国粮食安全和生态安全，2005年起国家开始在全国部分县（市）实施测土配方施肥，要求各项目县（市）利用测土配方施肥项目取得的大量数据，开展耕地地力评价工作。《2006年全国测土配方施肥工作方案》明确要求，"近年来已经开展耕地地力调查的省份，要结合测土配方施肥项目进行耕地地力评价，尚未开展耕地地力调查工作的省份，要按照耕地地力调查技术规程的要求，抓紧开展有关评价技术培训，选择有条件的县开展耕地地力评价的试点工作。"《2006年测土配方施肥补贴项目实施方案》也规定，"续建项目县的主要任务是：……建立规范的测土配方施肥数据库和县域土壤资源空间数据库、属性数据库，对县域耕地地力状况进行评价。"测土配方施肥技术推广和耕地地力评价，在工作目标、工作内容、组织形式、技术路线、成果表达方式等方面都有一定差别，要把这两项工作进行结合，主要是因为当前我国耕地质量问题突出，粮食安全和环境压力巨大。摸清我国耕地的土壤肥力状况、土壤退化状况和耕地综合生产能力状况，对提高农业综合生产能力，实现农业增效、农民增收，促进农业的可持续发展都具有非常重要的意义。在财力有限和以有限财力优先支持测土配方施肥的前提下，如何利用原有相关项目的工作成果，保证测土配方施肥的调查数据、分析测试数据和田间实验数据的质量？如何对测土配方施肥取得的各项数据进行科学管理和有效利用？如何利用这些数据对项目县的耕地地力状况进行科学评价？如何充分合理利用耕地地力评价结果？这些都是土壤肥料行政管理部门需要思考的重要问题，也是目前全国土壤肥料技术推广事业蓬勃发展的实践要求。

2.1.3 主要成果

根据《农业部办公厅关于做好耕地地力评价工作的通知》（农办农〔2007〕66号）和四川省农业厅《关于印发〈四川省耕地地力评价工作方案〉的通知》（川农函〔2008〕36号）等部（厅）级相关文件的要求，各测土配方施肥补贴项目县（市）要把耕地地力评价纳入项目实施的重要内容，摸清县域耕地分布情况，及其数量和质量状况，提高耕地利用效率，更好地服务于现代农业发展。

甘孜州是四川省2009年国家测土配方施肥项目打捆县。此项目的目的是为了摸清甘孜州耕地资源分布状况、耕地土壤肥力状况、土壤退化状况和耕地生产能力，指导耕地资源的合理利用、改良，促进现代农业发展。在测土配方施肥调查、取土分析、田间试验、示范等工作的基础上，甘孜州工作小组按照《县域耕地资源管理信息系统数据字典》要求，建立和完善了甘孜州土壤资源的属性数据库和空间数据库，构建了甘孜州耕地资源管理信息系统，开展了州域耕地地力评价工作，以指导甘孜州耕地资源的合理利用与改良，促进该州现代农业的可持续发展。因此，甘孜州耕地地力评价工作的主要成果是一本书（《耕地地力评价报告——以甘孜藏族自治州为例》）、一套图（甘孜州土壤养分图、甘孜州主要作物推荐施肥分区图和甘孜州耕地地力等级分布图）、一系统（甘孜州耕地资源管理信息系统）。具体有以下几个方面：

第一，应用扬州市土肥站开发的县域耕地资源管理信息系统（简称CLR-MIS）建立甘孜州耕地资源管理信息数据库。内容包括空间数据库和属性数据库。空间数据库的建立涵盖第二次土壤普查的土壤图、当前时期的土地利用现状图和行政区划图等图件资料的数据预处理、图件数字化、图形编辑、坐标转换和图幅拼接、空间数据库和属性数据库的连接等。属性数据库的建立涵盖两大部分：一是第二次土壤普查及相关历史数据的标准化和数据库的建立；二是测土配方施肥项目产生的大量属性数据的录入和数据库的建立，根据全国农业技术推广服务中心编著的《耕地地力评价指南》建立规范化甘孜州耕地资源空间数据库、属性数据库。

第二，完成土壤样品采集数据、调查数据和分析测试数据的建库工作，制作土壤样点分布图、土壤养分分区图（有机质、全氮、碱解氮、有效磷、速效钾）和土壤酸碱度分级图，以及油菜、玉米、青稞、马铃薯四种农作物的测土配方推荐施肥分区图（氮肥推荐施肥分区图、磷肥推荐施肥分区图、钾肥推荐施肥分区图、氮磷钾综合推荐施肥分区图）。

第三，根据全国农业技术推广服务中心编著的《耕地地力评价指南》和四川省农业厅《关于印发〈四川省耕地地力评价工作方案〉的通知》（川农函〔2008〕36号）的要求，建立甘孜州耕地地力评价指标体系，对甘孜州耕地进行等级评定，并制作耕地地力等级分布图。

第四，依据建立的县域耕地资源管理信息系统，撰写甘孜州耕地地力评价技术报告和专题报告。

2.1.4 预期目标

根据甘孜州2009—2011年间测土配方施肥项目及耕地地力调查工作的实施情况，甘孜州耕地地力评价工作的预期目标主要有以下几个方面：

①根据甘孜州耕地土壤养分图等成果图件，对照甘孜州第二次土壤普查数据和土壤图，摸清甘孜州耕地土壤养分分布与变化趋势；

②根据甘孜州主要农作物施肥分区图，实现甘孜州肥料的合理区划和合理施肥，提高肥料利用率，降低农业生产成本，减轻农业面源污染；

③根据甘孜州耕地地力等级分布图和地力评价指标体系，查清甘孜州各等级耕地分布状况和主要障碍因子，以及耕地生产潜力等；

④通过建立的甘孜州耕地资源管理信息系统数据库和耕地资源管理信息系统，实现甘孜州耕地资源、土壤养分信息的高效有序管理，使甘孜州耕地地力评价紧密结合当地农业生产实际，为耕地土壤培肥、耕地质量建设、保障粮食和生态安全、农业优势特色产业发展和中低产田改造提供重要支撑，为农业生产管理决策提供依据。

2.2　自然与农业生产概况

2.2.1　地理位置与行政区划

甘孜藏族自治州位于四川省西部，介于北纬27°58″~34°20″、东经97°22″~102°29″，地处中国最高一级阶梯青藏高原向第二级阶梯云贵高原和四川盆地的过渡地带，属横断山系北段川西高山高原区，是青藏高原的一部分。它东邻阿坝藏族羌族自治州和雅安市，南接凉山彝族自治州和云南迪庆藏族自治州，西沿金沙江与西藏自治区的昌都地区，北接青海省玉树藏族自治州和果洛藏族自治州，全州行政面积15.26万平方千米。州政府驻康定县，现辖18个行政县（康定县、泸定县、丹巴县、九龙县、雅江县、道孚县、炉霍县、甘孜县、新龙县、德格县、白玉县、石渠县、色达县、理塘县、巴塘县、乡城县、稻城县、得荣县），325 个乡（镇），甘孜州行政区划见图 2-1。

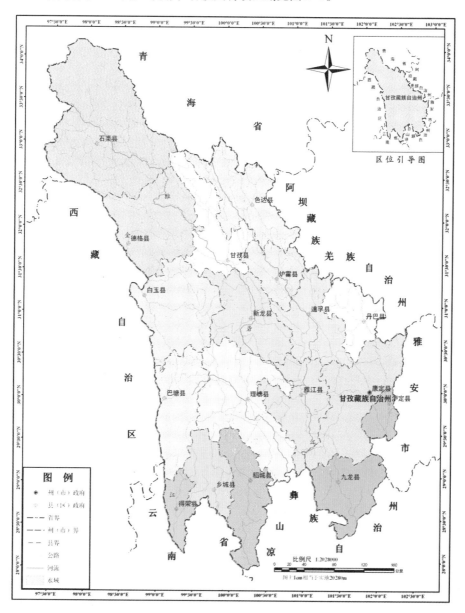

图 2-1 甘孜藏族自治州行政区划图

甘孜州境内有彝族、藏族、羌族、苗族、回族、蒙古族、土家族、傈僳族、满族、瑶族、侗族、纳西族、布依族、白族、壮族、傣族等 25 个民族。其中，主体民族藏族占 78.4%。各族群众以大范围聚居小范围杂居的形式分布全州。

2011 年年底，全州户籍人口 108.81 万人，全州常住人口 110 万人，分别比上年增长 2.6%、0.6%。2011 年人口出生率 10.6‰，人口死亡率 4.31‰，人口自然增长率 6.34‰。户籍人口中，男性 55.06 万人，女性 53.75 万人，性别比为 97.62：100；非农业人口 16.3 万人，农业人口 92.5 万人。户籍人口中，藏族 89.10 万人，占 81.9%；汉族 15.78 万人，占 14.5%；彝族 3.26 万人，占 3%；其他民族 0.67 万人，占 0.6%。

2.2.2 自然与农村经济概况

2.2.2.1 土地资源

甘孜州有资料可查的最早土地资源数据是 1987 年的甘孜州土壤普查成果。截至 1987 年 8 月 1 日，甘孜州总面积 1 530.02 万公顷（1 公顷 = 10 000 平方米，下同）。全州共有耕地面积 12.03 万公顷，林地 414.65 万公顷，草地 944.15 万公顷，居民点及工矿用地 1.23 万公顷，交通用地 1.78 万公顷，水域 20.92 万公顷，特殊用地 0.27 万公顷，未利用地 134.82 万公顷。随着社会经济的不断发展，以及退耕还林、产业结构调整等政策的实施，全州土地利用现状发生了变化。

2.2.2.2 自然气候

甘孜州经度由东到西跨五度，纬度从南到北达七度，属于北亚热带气候。其地理位置和地形地貌状况，在相当程度上决定了该州垂直地带性和地区性特征之间错综复杂的关系，并引起水热状况的地域差异，形成了丰富多彩的气候特点，且具有完整的气候带谱。甘孜州气候类型总体属青藏高原型气候，基本特征是：由亚热带、亚寒带过渡到寒带；气温低、冬季长、无霜期短、春秋相连、降水少；季节分布不均，盛夏初秋多降水，雨热同季；全年日照适度，积累热量较高。

（1）气温

根据历年来的气象资料统计，州内年均温一般为 4.1～12.5℃，最热为每年 7 月，日均气温 15℃。全州大于 0℃的积温在 1 000～5 600℃，年均气温高于 0℃的日数约为 287.5 天，高于 5℃的日数为 217.5 天，高于 10℃的日数为 133.6 天；多年年均气温高于 10℃的积温为 2 123.82℃；全年无霜期平均长达

120 多天。甘孜州气温随地势呈明显的垂直分布特征：海拔 2 600 米以下地区，年均气温 12~16℃，1 月均温 3~6℃，7 月均温 18~25℃，无霜期 190 天以上；海拔 2 600~3 900 米以上的地区，年均气温 3~11℃，1 月均温 2~6℃，7 月均温 10~18℃，无霜期 50~60 天；海拔 3 900 米以上地区，年均气温 0℃以下，1 月均温低于-12℃，7 月均温 11℃左右，无绝对无霜期。

（2）降水

甘孜州干雨季分明，降雨量较少，多数地区年降雨量在 600~800 毫米。但受地形、坡向的影响，地域差异较大，故形成两个多雨区，即贡嘎山及折多山西坡的八美、新都桥、九龙一线。九龙年降雨量为 892.8 毫米。一个少雨地区，即金沙江流域的德荣县，年降雨量仅为 324.7 毫米。各地雨日一般在 140~170 天，降雨时间分布不均，年降雨量的 70%~80%主要集中在 6~9 月，具有明显的干雨季特点。一般 11 月到次年 4 月为旱季，降雨（雪）稀少；冬春半年干旱十分突出，加之风大，蒸发量也大，特别干燥。5~10 月为雨季，降水集中，常有暴雨出现，具有雨热同季的特点。州内东部雨季开始较早，一般为 5 月上旬；南部巴塘、德荣雨季最迟，一般为 5 月下旬、6 月上旬。

（3）辐射、日照时数及其他

甘孜州太阳辐射强烈，光照资源丰富。全年太阳辐射总量一般为 120~150 千卡/平方厘米，年总日照时数在 2 000~2 600 小时，日照百分率为 50%左右。山区和高原区气温低，热量不足；低山河谷地带热量条件虽较好，却因水的矛盾突出，光能利用率低。州内灾害性天气频繁，主要自然灾害有干旱、大雪、冰雹、霜冻、洪涝、大风、暴雨等。据气象资料表明，从 1960—1986 年的 27 年间，全州大范围的区域性干旱就发生了 19 次，其中春旱 9 次，频率 33%；夏旱 1 次，频率 4%；伏旱为 9 次，频率为 33%。

2.2.2.3 水文地质条件

甘孜州河流纵横、河网密布，系长江、黄河的源头地区，地表水资源十分丰富。主要河流皆为南北向，金沙江、雅砻江、大渡河三大河流纵贯全境，较大的支流及二级支流有硕曲河、水洛河、无量河等，流域总面积达 14.68 万平方千米，占 97%。流域面积在 500 平方千米以上的支流达 91 条，100~500 平方千米的小支流 201 条，平均年径流量为 641.8 亿立方米。水系特征：水流落差大、多湍急、径流量丰富、汛期短、泥沙含量高。

（1）主要河流

甘孜州内江河湖泊众多，流经境内的河流主要有金沙江、雅砻江、大渡河，均为长江上游主要支干流。"两江一河"自西向东，南北向平行排列，汹涌湍急，支流甚多。中等河流有大小金川、折多河、鲜水河、无量河、硕曲河、巴楚河、九龙河、色曲河、泥曲河等。各支流的山溪广布、水流急、落差大、水量丰沛、水源较稳定。地表出露热泉有249处。据初步估算，全州水资源年径流量约为641.8亿立方米。大渡河（古称沫水）是中国岷江最大支流，位于四川省西部，发源于青海省境内的果洛山东南麓；金沙江发源于青海境内唐古拉山脉的格拉丹冬雪山北麓，是西藏和四川的界河；雅砻江，金沙江最大支流，源出青海省巴颜喀拉山南麓，称青水河，入川后称雅砻江，在攀枝花市东北入金沙江。

（2）河流水文

甘孜州境内河流径流量的年际和季节变化都很大。州内绝大多数河流均以雨水补给为主，冰雪、地下水补给为辅。降水分布不均衡，对径流的季节变化起着决定性作用。加之河流坡度陡峭，江面狭窄，地表对雨水的截留量小，一下雨将很快汇入江河，使其水位急剧涨落。一般4~6月水位开始上涨，径流量随之增多，从6月起开始进入汛期，7~8月流量最大，10月以后河水开始下降，汛期结束，枯水期长达半年之久。

（3）径流含沙量及水质污染

由于州内南北地势高差大，河流切割作用强烈，表现为河床比较大，且多呈 v 型谷，宽谷与峡谷交替出现，加之河流坡度陡峭，江面狭窄，地表对雨水的截留量小，一下雨将很快汇入江河，使其水位急剧涨落，水位上涨导致径流量增多，径流量大水急，造成河流含沙量高。全州年均侵蚀量为3 000万吨，侵蚀模数为每年1 429吨/平方千米。据金沙江下游屏山站测定，输沙总量每年4亿吨左右，占宜昌站的50%以上。州内水质良好，适宜于工农业生产和人畜饮用，但因每天有废水、废渣排入河流，加上沿江农田土地施用农药、化肥，水质日益变差。

2.2.2.4　土壤资源概况

甘孜州的气候特点深刻地影响着土壤资源的形成和分布。首先，土壤在高寒干燥的气候环境中形成，具有生物作用和淋溶作用较弱，寒冻机械风化强烈或冻融活动频繁等高山土壤的发生特点。其次，变化复杂的气候环境也是土壤类型复杂多样的重要因素之一，而水热条件的水平地带和垂直地带分异则决定了本州土壤空间分布上的水平地带性和垂直地带性规律。如从东南到西北部，基带土壤依次为亚热带山地森林土壤（黄棕壤、黄红壤、褐红壤），暖温带山地森林土壤（棕壤、褐土），寒温带山地森林土壤（暗褐土、暗棕壤），高山土壤（亚高山草甸土、高山草甸土、高山寒漠土）。从东部的大渡河流域到西缘的金沙江，基带土壤有淋溶土纲（黄棕壤、棕壤），钙成土纲（褐土、燥红土）。

经过普查，甘孜州内土壤根据成土条件、成土过程和土壤属性，可分为红壤、棕壤、黄棕壤、暗棕壤、褐土、暗褐土、亚高山草甸土以及经人类长期耕作而形成的新积土、水稻土和受母质影响而形成的黑色石灰土、紫色土等类型。耕地的土壤类型虽较多，但全州 95% 以上的土壤属于暗褐土、褐土、棕壤、新积土、亚高山草甸土和黄棕壤等类型。

暗褐土：在全州分布最广，主要分布在甘孜、炉霍、道孚、新龙、白玉、德格、石渠、色达等县。面积约 73.44 万亩，占农耕地总面积的 40.69%。暗褐土土层深厚，碳酸盐含量大于 1%，甚至可达 10%。呈中性或微碱性，质地为轻壤至重壤。土壤结构良好，含有机质 3%~5%、全氮 0.15%~0.2%、碱解氮 80~150 毫克/千克、速效磷 3~10 毫克/千克、速效钾 120~700 毫克/千克。土壤养分除磷外，一般较高，农作物一年一熟，主产青稞和小麦。

褐土：主要分布在丹巴、雅江、巴塘、乡城、德荣、康定、九龙、泸定等县，面积约 32.47 万亩，占总耕地面积的 18.1%。褐土碳酸盐含量多大于 2%，为中性和微碱性，质地沙壤至轻壤。土壤的土体较干燥，含有机质 2%~3%、全氮 0.1%~0.15%，碱解氮 60~120 毫克/千克，速效磷 3~6 毫克/千克，速效钾 80~150 毫克/千克，是一种贫氮、缺磷的土壤。农作物一年两熟或两年三熟，主产玉米和小麦。

棕壤：其分布地区与褐土相同，只是海拔比褐土高，面积约 24.42 万亩，占总耕地面积的 13.53%。这类土壤坡度较大，无石灰反应，呈中性或微酸性。土壤质地中壤，团粒结构发育良好，含有机质 5% 左右、全氮 2%、碱解氮 100~150 毫克/千克、速效磷 6~20 毫克/千克、速效钾 150~200 毫克/千克或更高。农作物一年一熟，主产青稞和小麦。

新积土：分布于全州各县沿河一级阶地上，以稻城、甘孜、道孚等县较为典型，面积 19.05 万亩，占总耕地的 10.57%。甘孜州新积土土性复杂，有的具有石灰反应，有的无石灰反应；有的具返潮现象，有的无返潮现象。但总的特点是土层浅薄，质地砂土、砂壤。有机质含量普遍小于 2%，全氮含量 0.1% 左右，碱解氮含量 60~90 毫克/千克，速效磷含量 10 毫克/千克，速效钾含量 60~120 毫克/千克。由于这类土壤所处的海拔高度不同，农作物熟制和产量有很大差别。

暗棕壤和亚高山草甸土：主要分布在甘孜州北部和南部部分县的高寒地带，暗棕壤面积约 11.84 万亩，占耕地总面积的 6.75%；亚高山草甸土面积约

7.9万亩，占总耕地面积的4.4%。这两类土壤的共同点为土层较深厚，有机质和氮磷钾养分含量高，但因热量不足，无霜期短，农作物只能一年一熟，且产量不稳定。

黄棕壤：主要分布在泸定县河谷地区，九龙县和稻城县也有一定面积，总面积7.2万亩，占总耕地面积的4.01%。黄棕壤是在湿热条件下，由砂页岩、变色岩及砾石层等成土母质发育而来，是甘孜州良好的土壤类型之一。土壤质地中壤至重壤，结构良好，多呈中性，养分含量较高，适于多种作物生长。农作物一年两熟，主产玉米和小麦，且产量高。其他土壤类型占农耕地的面积小，合计不足全州耕地的4%。

2.2.2.5 其他资源概况

甘孜州地域辽阔，光热资源丰富，立体气候明显，全州农业生物资源丰富，堪称我国重要的天然物种基因库、生物多样性的聚宝盆。该州是全国五大草原畜牧业基地之一、四川最大的青稞粮生产基地、道地中药材基地、食用菌出口基地、秋淡季蔬菜基地和特色农产品基地。

2.2.2.6 农村经济概况

在指导全州农业生产上，2012年以来围绕全域旅游的发展战略，按照"农旅结合，以旅促农"的思路，结合旅游资源的开发，甘孜州以旅游业发展带动农业种植结构调整，以农民增收为目的，大力推进农业结构调整。全州积极调整农业产业结构，依托龙头带动基地，狠抓科技攻单产，趋利避灾夺丰收，种植业有了较大的发展，也实现了农业持续增长，农民稳定增收。在农业技术措施上，坚持质量和效益协调统一的原则，以市场为导向，调整农业产业结构，充分利用土地资源和光热资源，有效合理地改革耕地制度，提高复种指数，促进增产增收。2012年以来，在州委、州政府的正确领导下，全州农业连续五年喜获丰收，继续保持了高位增长的态势。

（1）着力调整种植结构，农业生产喜获丰收

种植业以确保粮食生产稳定为基础，提高效益为目的，狠抓农作物的结构调整，积极发展特色产业，提高农产品附加值，农业生产增产增收。据初步统计，2011年全年共完成粮食作物播种面积达72 705公顷，增长1.2%；油料播种面积达4 543公顷，增长15.5%；蔬菜播种面积达到4 188公顷，增长13.5%。粮食单产达到202千克/亩，增加14千克，增长7.4%；油料作物单产达到141千克/亩，增加12千克，增长9.5%；蔬菜单产达1 874千克/亩，增加129千克，增长7.4%。因播种面积扩大和单产提高，粮食、油菜籽和蔬菜产量全面增长。预计粮食产量达到22.05万吨，增长8.6%；油料作物产量

达到 9 590 吨，增长 26.5%；蔬菜产量达到 11.77 万吨，增长 21.9%。2012 年甘孜州粮食总产量预计达到 23.56 万吨，较 2005 年增加了 31%，较上年增产 1.46 万吨，增长 6.6%，实现"五连增"。农民人均占有粮食 270 千克，自给率达到 67.5%，其中青稞人均占有 108 千克，自给率达到 90% 以上，较 2005 年提高了 23%。

（2）牧业生产稳步发展，产品产量保持增长

2011 年前三季度，各类牲畜出栏 47.64 万头（只/匹），同比增长 5.2%。肉类总产量达 3.67 万吨，同比增长 6.6%。畜产品方面，牛奶产量达到 9.11 万吨，同比增长 5.9%。畜群规模有所缩小，牲畜存栏有所减少。截至第三季度末，甘孜州各类牲畜存栏 534.01 万头（只/匹），同比减少 1.9%。

2.2.3　农业生产概况

2.2.3.1　农业发展历史

新中国成立前期，农业生产十分落后，耕作粗放，广种薄收。粮食产量一般为种子的五倍左右，一遇灾年，甚至连种子都收不回来。新中国刚成立时，粮食产量仅有 56 380 吨，平均亩产仅 56 千克，人均有粮不过 100~150 千克。劳动人民缺粮和无粮之苦可想而知。新中国成立后由于正确执行党的民主政策，解放了农村生产力，生产条件逐步改善，新品种和新的农业生产技术得到推广，农业生产持续发展。到 1985 年，全州生产值达到 7 765 万元，比 1950 年增长 2.7 倍；粮食产量达到 198 590 吨，比 1950 年增长 14.22 万吨，增长 2.5 倍，亩产 158 千克，增加 102 千克。大春粮食产量 17.35 万吨，占全年粮食总产量的 87.38%；小春粮食产量为 2.5 万吨，占 12.62%。粮食作物中青稞产量 6.65 万吨，占粮食总产量的 33.48%；小麦产量 4.54 万吨，占 22.84%；玉米产量 4.58 万吨，占 23.05%。1985 年经济作物播种面积 7 465 亩，仅占全州农作物播种面积的 0.6%，油料作物产量 504.45 吨，比 1950 年增 319.65 吨。2008—2012 年，在农田基本建设的完善、科学施肥、有效防止病虫害、改革耕作制度等技术的帮助下，全州农业连续五年喜获丰收。据统计，2012 年甘孜州全年完成农作物播种面积 126.2 万亩。其中，粮食作物 110.45 万亩，比上年增加 1.39 万亩，预计总产量达到 23.56 万吨，比上年增长 6.6%；油料作物 7.32 万亩，比上年增加 0.49 万亩，预计总产量突破 1 万吨，达到 1.02 万吨，比上年增长 10%；蔬菜作物 7.24 万亩，比上年增加 0.43 万亩，预计总产量达到 15 万吨，比上年增长 17.6%。

2.2.3.2　农业发展现状

2.2.3.2.1　农业经济发展概况

从 20 世纪末以来，随着天保工程和退耕还林工程的全面实施，甘孜州全面进入了生态经济发展时期。在十多年的生态经济政策影响下，甘孜州农业、农村经济工作围绕巩固和加强农业基础地位，创新农业科技应用，调整产业结构，推进农业、农村现代化进程，提高农产品市场竞争力，增加农民收入开展工作，并取得了辉煌的成绩。"十二五"期间，甘孜州农业农村经济实现了可持续发展，农业生产在保障实施退耕还林 80 万亩的前提下，粮、油、菜生产再创历史新高，是全州农村变化最大、农业发展最好、农民增收最多、民生改善最快的时期。

（1）粮食生产实现"八连增"

全州粮食播种面积达到 113.41 万亩，总产量达到 28 万吨，较 2010 年增加 7.71 万吨，增长 37.9%。特别是青稞特种粮食播种面积突破 50 万亩，总产量达到 10.5 万吨，农、牧民人均占有量达到 110 千克，自给率首次突破 90%。播种面积和产量再创历史新高，粮食生产实现连续八年增产。

（2）城乡居民"菜篮子"不断丰富

全州生产油料 1.31 万吨、蔬菜 23.09 万吨、水果 4 万吨、肉类 6.1 万吨、牛奶 9 万吨；油料、蔬菜、水果较 2010 年分别增长 71%、139%、60%。人均占有蔬菜 100 千克、水果 34 千克、肉类 63 千克、奶 78 千克，高原特色农产品的快速发展，丰富了城乡居民的"菜篮子"，保障了"舌尖上的甘孜"。

（3）特色效益农业初具规模

全州油、菜、果、药、菌等特色产业基地达到 30.6 万亩，其中，油菜产业基地 8.98 万亩、蔬菜产业基地 11.02 万亩、水果产业基地 7.1 万亩、道地中药材产业基地 3 万亩、食用菌产业基地 0.1 万亩、茶叶产业基地 0.3 万亩、花卉产业基地 0.1 万亩。油、菜、果、药、菌产量分别达到 1.31 万吨、23 万吨、4 万吨、0.3 万吨、0.02 万吨，特色效益农业实现产值 21 亿元。

（4）现代农牧产业基地加快推进

丹巴县、得荣县、雅江县、理塘县的省级现代农业和现代畜牧业重点具建设取得成效，在全州建成 80 个现代农业万亩示范区、101.35 万亩州级现代农业产业基地。金沙江及大渡河流域藏猪、藏鸡产业带初具规模，形成年产藏猪 10 万头、藏鸡 20 万羽的规模。建州级抗灾保畜打贮草基地 2 万亩、标准化草场 7.2 万亩、户营打贮草基地 107.1 万亩、牲畜暖棚 7 745 户 61.96 万平方米。开展省级标准化示范场创建，新（改扩）建标准化养殖场（户、区）312 个。

推广标箱养蜂新技术，扶持蜂业大户 307 户，发展蜂群 3 万群，蜂产量达到 8 万千克。

（5）农业生态环境持续改善

从 2011 年起全面启动草原生态奖补政策，草原生态环境和生物多样性得到有效保护和改善。甘孜州草地植被盖度较 2010 年提高 5 个百分点，产草量提高 25.17%，天然草原的保护、建设和管理工作得到进一步加强。每年实施草原禁牧补助 4 500 万亩，草畜平衡奖励 7 963 万亩，牧民生产资料综合补贴 16.04 万户，五年共投入各级补奖资金 29.96 亿元，向农牧民群众兑现 3 项直补资金 23.48 亿元，完成超载减畜 695.99 万羊单位，牲畜超载率从 54.06% 下降到 13.12%。累计完成退牧还草工程围栏建设 2 203.43 万亩，草场补播 662.63 万亩，人工饲草地建设 15 万亩，舍饲棚圈建设 12 570 户。五年累计完成草原鼠虫害防治 1 725 万亩，建成国家区试点。加强农业农村环境资源保护，扶持循环农业发展，在适宜区建成农村沼气池 8 300 口。18 个县建立了农产品产地土壤重金属污染监测点 117 个，加强了农业面源污染防治。

（6）农业科技支撑能力不断提升

甘孜州以"院州、校州"农业科技合作为契机，开展了青稞、牦牛、藏猪、藏鸡等优势特色资源技术集成攻关项目 27 个，育成审定了青稞、小麦、马铃薯、玉米、康巴老芒麦等 6 个新品种，3 个品种待审。引进投放良种畜 8 298 头（只）、牲畜改良 855 235 头（只）、牲畜品种选育 218 416 头（只）。以农业科技大培训、大示范、大推广"三大行动"为主题，扎实开展"技术走基层"和"畜牧科技结对认亲"活动，在全州集成示范推广了一批主导品种、主推技术、适用机械。甘孜州农业科技入户率达到 90% 以上；粮食作物良种覆盖率达到 92.8%；科技对农业的贡献率达到 52%，较 2010 年提高了 7 个百分点；甘孜州主要农作物耕种收综合机械化水平达到 42.56%，较 2010 年提高了 15 个百分点。

（7）新型农业经营主体培育取得新进展

大力创新农业经营机制，积极培育新型农业经营主体，推进现代农牧业发展。全州累计扶持和发展农民合作社 1 051 个、现代家庭农牧场示范户 192 个、种养殖大户 3 343 户，农畜产品加工企业 67 个。

（8）农业品牌建设再上新台阶

大力推进"圣洁甘孜"特色农产品公用品牌战略，全州累计登记认证"三品一标"农产品 154 个，认定无公害农产品基地 109 万亩、畜产品基地 47 个，有 15 个县通过无公害农产品整体认定。雅江县被中国食用菌协会授予

"中国松茸之乡"。借助对口支援、"互联网+""飞机+"等平台，在珠海市、成都市、康定县和稻城县等地的机场设立"圣洁甘孜"农产品专柜，积极开展特色农产品宣传推介活动，农产品销售渠道不断拓宽。

（9）农村改革不断深化

全州进一步稳定和完善农村基本经营制度，加快推进全州农村产权制度改革，开展了土地承包经营权确权登记工作。全州完成土地确权登记面积 37.68 万亩，土地流转面积达到 4.3 万亩，实现收益 2 150 万元；完成全州基本草原划定，启动了色达县草原确权登记颁证试点工作；实施了政策性农业保险，参保面积达到 62 万亩，受益农户达到 3.84 万户。

2.2.3.2.2　农业生产中存在的主要问题

由于甘孜州农耕地垦殖时间短，耕作粗放，投入较少，保留了自然土壤的一些特性。其一是土壤熟化度低，耕层浅，渗透性强，保水保肥性差，不抗旱涝。其二是耕地坡度大，土层浅，石砾多，砾石含量一般达 20%～30%，有的高达 50% 以上，有机质含量较少，加上水土流失严重，作物产量低而不稳。其三是大部分农耕地因热量条件的限制，微生物活动能力弱，有机质分解慢，潜在养分不能充分发挥其作用。其四是土壤养分不协调，多表现为贫氮、缺磷、富钾，导致作物单产低。其五是目前甘孜州农业科技人员数量少、质量差、不稳定，极不适应当前农业生产发展的需要。因而，农耕地土壤的粗、薄、陡、瘦（包括养分不协调）以及农业技术人员少且质量低是甘孜州内生产中存在的主要问题。其他问题为农业投入保障能力弱、农业服务体系建设滞后、农业产业化步伐缓慢、农业基础设施很脆弱等。

2.2.4　耕地改良利用与生产现状

2.2.4.1　当地主要的耕地利用改良模式及效果

自 1982 年以来，甘孜州通过实施"农业综合开发""高标准农田建设""测土配方施肥"与"沃土计划"等项目，对全州中、低产田土进行改造，使全县耕地质量和农业生态环境得到极大改善。

（1）"基本农田建设"改造中低产田土

甘孜州利用第二次土壤普查成果，在 1991—2011 年的 11 年间，通过甘孜州基本农田建设项目，总投资 2 214.10 万元，改造中低产田地 19.53 万亩。项目区新增粮、油、肥种植 7 万余亩，增产粮食 2.04 万吨，油料 0.24 万吨，绿肥饲料 1.69 万吨，新增产值 3 478 万元。2011 年甘孜州制订《甘孜州高标准基本农田建设项目实施方案》，预计"十二五"期间投资 8 000 万元，建设高标准农田 80 万亩。

（2）"农业综合开发"进行土地治理

2000—2008 年以来，全州对理塘县和色达县共计 9.99 万亩地实施农业综合开发项目。总投资 1 098.4 万元，农民投资 258.80 万元。实行水、土、田、林、路综合治理，其中改造中低产土 3.135 万亩。

（3）"配方施肥"的应用

甘孜州 2009 年开展测土配方施肥项目。到 2012 年，甘孜州测土配方施肥技术覆盖到全州 251 个农业乡镇，1 460 个农业行政村，推广面积达到 72 万亩（其中，青稞 40 万亩、玉米 10 万亩、小麦 6 万亩、马铃薯 8 万亩、油菜 5 万亩、果蔬 3 万亩），占总播面的 61.1%。

2.2.4.2　耕地利用程度与耕作制度

经多年的耕作制度改革、旱地改制和农业结构的调整，农业生产的主要熟制有一年一熟制和一年二熟制。主要耕作制度有如下几种：稻田，水稻—油菜（小麦）轮作，约 7 000 亩，种植地区极少。旱地，一是青稞一年一熟制，约 50 万亩，甘孜州主要种植类型，约占总农作物播种面积的 40%；二是小麦、马铃薯、油菜、豆类等一年一熟制，约 40 万亩；三是小麦—玉米、油菜—玉米、马铃薯—玉米等一年两熟制，约 30 万亩；四是其他利用形式，如周年作蔬菜基地生产，茶园、果园、桑园等，约 7 万亩。

2.2.5　耕地保养管理的简要回顾

甘孜州近年来积极开展耕地保养管理工作，截至 2012 年，各县对辖区内耕地的排水条件、表层土壤质地、有效土层厚度、有机质含量、土壤酸碱度等因素进行了调查，完成了 308 个样点调查。此次耕地质量等级成果补充完善工作，是实现比例尺大小、图斑变化等与最新土地变更调查成果保持一致的重要工作，对保证全州耕地质量等级成果的现势性，提升国土资源管理水平起到了重要支撑作用。

2.3　耕地地力评价技术路线

2.3.1　耕地地力评价依据与方法

耕地是自然历史综合体，同时也是重要的农业生产资料，耕地地力与自然环境条件和人类生产活动有着密切关系。要进行耕地地力评价，第一，必须收集、整理耕地的一些可度量或可测定的属性资料，这些属性资料概括起来有两大类型，即耕地的自然属性资料和社会属性资料。自然属性包括气候、地质条件、地形地貌、水文条件、植被等自然成土因素和土壤剖面形态特征等；社会属性包括地理交通条件、农业经济条件、农业生产技术条件等。第二，在完成耕地属性资料（包括图件资料和数据、文本资料）收集整理的基础上，进行数据的标准化和数据库（包括空间数据库和属性数据库）建立。第三，根据建立的数据库，利用有关的软件和评价方法完成耕地地力的评价。为确保耕地地力评价工作质量，贯彻落实农业部耕地地力评价工作的任务和要求，依据四川省农业厅《关于印发〈四川省耕地地力评价工作方案〉的通知》（川农业函〔2008〕36 号）和全国农业技术推广服务中心编著的《耕地地力评价指南》，耕地地力评价以州为基本单位，此次工作要采用的评价流程是国内外相关项目和研究中应用较多、相对比较成熟的方法，其主要立足点为州内目前的资料和数据现状，主要的技术平台为农业部种植业管理司所提供的县域耕地资源管理信息系统 V4.0。整个评价工作的技术流程如图 2-2 所示。

整个评价工作主要包括资料准备及数据标准化、耕地地力评价因子的确定、确定评价因子的权重、确定各评价因子的隶属度、耕地地力评价单元的确定、评价单元赋值及计算耕地地力综合指数等方面。

2.3.2 资料准备

2.3.2.1 图件资料

1：50 000 甘孜州土地利用现状图（2001 年），1：50 000 土壤图（1991年）和 1：50 000 甘孜州行政区划图（2003 年）等。

2.3.2.2 数据资料

（1）土样采集

布点原则：耕地地力评价采样点的确定按照《测土配方施肥技术规范》的要求，在布置采样点时参考了甘孜州土壤图（1：50 000）、甘孜州土地利用现状图（1：50 000）和甘孜州行政区划图（1：50 000），做好采样规划设计，确定采样点位。遵循均匀布点原则，综合考虑土壤类型、作物布局。平均每个采样单元面积为 50~100 亩，截至 2012 年共采集土壤样品 3 353 个，经对测试结果进行异常值剔除后最终用于耕地地力评价的样点有 3 251 个（甘孜州耕地地力调查点位分布图）。

采样组织方式：根据测土配方施肥方案的要求，确定甘孜州样品采集的整体目标，在此基础上，以各县耕地面积为标准，分别确定采样点数量。以第二

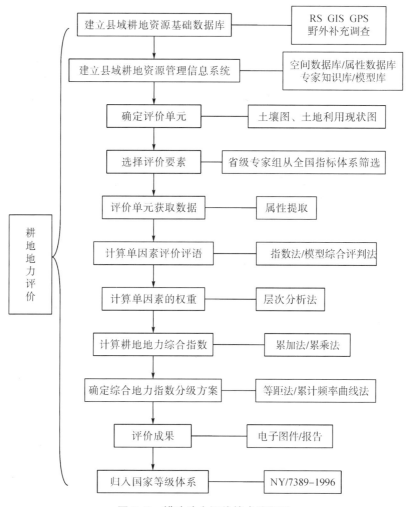

图 2-2　耕地地力评价技术流程图

次土壤普查时的土壤图、土地利用现状图和行政区划图为基础图件，以县行政区域为单元，将采样点位在土壤普查资料图上标明，选择代表田块采样。农化样点采集位于每个采样单元相对中心位置的典型地块，采样地块面积为 1~10亩。样点均采用 GPS 定位，记录经纬度，精确到 0.1″。2009 年，甘孜州成立了测土配方施肥采样工作指导小组，负责整个样品采集工作的指挥与协调。同时，从县（区）抽调土肥岗位技术人员与州农技土肥站技术人员一起，组成采样工作组，采样组经过集中培训后，于每年春耕前和秋收后分别到各县进行采样。

采样方法与步骤：采样工作组按图索骥找到预先确定的点位后，如该田未变动，就在该田取样，并用GPS定位。如已变动征用的，则用与该地土种相同的地块取样代替。为便于与土壤普查时对比，采样深度统一为耕作层0～20厘米。样品采集统一用不锈钢采土器，在代表地块五点法或"S"形采取10～15个点的土壤，混合后采用四分法留1千克装袋，在标签上填写样品类型、统一编号、野外编号、采样地点、采样深度、采样时间、采样人等。取样回站后，土样当天掰细、摊晾在室内阳光照不到的地方风干。

采样调查内容：根据测土《测土配方施肥技术规范》的要求，在土壤采样的同时，调查田间基本情况，农户施肥情况等，填写采样地块基本情况调查表和农户施肥情况调查表。土壤采样点基本情况调查表的主要内容包括：样品编号、调查组号、样点行政位置、地理位置（GPS上的地理坐标）、自然条件、生产条件、土壤类型、立地条件、剖面性状、障碍因素等。土壤质地也是在采样时，采用手搓法现场确定并记录。农户施肥情况调查表的主要内容包括：作物名称、作物品种、播种期、收获期、生长期内降雨次数、降水总量、灌溉水次数、灌水总量、推荐施肥（含氮、磷、钾、有机肥、微量元素的推荐施肥量、目标产量、目标成本等）、实际施肥（含氮、磷、钾、有机肥、微量元素的实际施肥量、实际产量、实际成本等）、施肥时期、施肥数量、施肥品种等。户主在场的一般及时调查记录，户主不在场的则由采样员补充调查。

（2）样品分析

按照测土配方施肥技术规范的要求，所有土样均测定了常规的6项农化指标，分别是pH值、机质、全氮、碱解氮、有效磷、速效钾。土壤农化指标的测定方法按《农业部测土配方施肥技术规范》规定的方法进行：质地采用手搓法，pH值采用电位法（土液比1：2.5），有机质采用油浴加热，重铬酸钾氧化容量法，全氮采用半微量开氏法，碱解氮采用碱解扩散法，有效磷采用碳酸氢钠或氟化铵—盐酸浸提—钼锑抗比色法，速效钾采用乙酸铵提取—火焰光度计法。

（3）质量控制

农化指标测试项目由测土配方施肥化验室完成。本化验室具有较先进和配套的仪器设备，较为完整的实验室质量保证体系，实行了检测前、检测中、检测后的全程质量控制。

检测前：检测前首先进行样品确认，对样品编号进行核对。严格按照农业部规定的检测方法实施，同时确认检测环境，记录温度、湿度及其他干扰条件。

检测中：第一，通过成都市土壤肥料测试中心的盲样考核。为了保证检测数据的质量，成都市土壤肥料测试中心下发了标准物质中心购买的标准土壤样品，进行了实验室质量考核。第二，注重空白试验。为了确保化验分析结果的可靠性和准确性，对每个项目、每批样品，均进行空白试验。空白值包含了试剂、纯水中杂质带来的系统误差，如果空白值过高，则要找出原因，采取措施（如更换试剂、更换容器等）加以消除。第三，坚持重复试验，控制精密度。在检测过程中，每个项目首次分析时均做100%的重复试验，结果稳定后，重复次数可以减少，基本按照20%的比率重复进行。重复测定结果在误差规定范围内者为合格，否则增加重复测定比率进行复查，直至结果满足要求为止。第四，做好校准曲线。凡涉及校准曲线的项目，每批样品都做6个以上已知浓度点（含空白浓度）的校准曲线，且进行相关系数检验，R值都达到0.999以上。并且保证被测样品吸光度都在最佳测量范围内，如果超出最高浓度点，把被测样品的溶液稀释后重新测定，最终使分析结果得到保证。第五，坚持使用标准样品或质控样品，判断检验结果是否存在系统误差。在重复测定的精密度（极差、标准偏差、变异系数表示）合格的前提下，标准样的测定值落在（X±2σ）（涵盖了全部测定值的95.5%）范围之内，则表示分析正常，接受；若在X±2σ≤X≤X±3σ之间，表示分析结果虽可以接受，但有失控倾向，应予以注意；若在X±3σ（涵盖了全部测定值的99.7%）之外，则表示分析失控，本批样品须重新测定。

检测后：加强原始记录的校核、审核，确保数据准确无误。主要是审核、校核、审查原始记录的计量单位、检验结果是否正确，检测条件、记录是否齐全，有无更改等情况。为了进一步审核数据的准确性，还对各指标间的合理性、相关性进行了分析。例如，土壤有机质和全氮的相关性均达到极显著水平。

2.3.2.3　文本资料

根据农业部《测土配方施肥技术规范》要求，收集了开展耕地地力评价所需数据及文本资料。数据及文本资料包括第二次土壤普查撰写的《土壤普查报告》，耕地地力调查点位化验资料，土壤类型代码表，甘孜州近年（2012年）人口及社会经济资料、主要农作物种植面积、粮食单产与总产、肥料使用情况等统计资料，测土配方施肥化验资料、田间试验资料、专家施肥推荐卡，农户施肥情况调查表，植株测试资料，2001年土地利用报告，州土壤分类与省土壤分类对接表等。

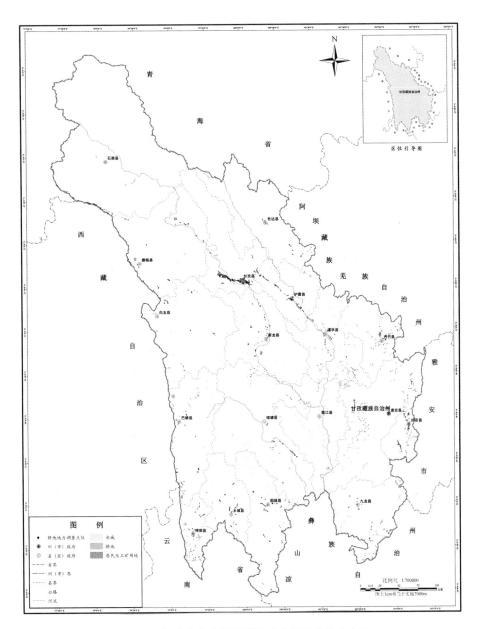

图2-3　甘孜藏族自治州耕地地力调查点位分布图

2.3.3 耕地地力评价

2.3.3.1 评价指标体系构建

2.3.3.1.1 确定耕地地力评价因子

在农业部《测土配方施肥技术规范（试行）修订稿》中规定的耕地地力评价因子总集的基础上，由四川省农业厅组织四川农业大学、四川省农科院、中国科学院成都分院、四川省各县（市）土肥站有关专家，在广泛研讨的基础上，综合地貌类型、气候条件、轮作制度等因素，将四川全省分为成都平原区、丘陵地区、盆周山区、川西南山区、川西北高山高原区等五大区域。结合各区域实际情况，全省共选择了21个指标作为四川省耕地地力评价指标体系（见表2-1），并用特尔斐法确定了各区域评价因子的隶属度和权重（见表2-2）。

本报告的研究区域为四川省甘孜州，属于盆周山区，根据四川省各区域耕地地力评价指标体系（见表2-3）的要求和资料收集情况，选取了有效磷、速效钾、质地、pH值、有机质、海拔、地形部位、常年降雨量、坡向、侵蚀程度、灌溉能力11个指标作为本次耕地地力评价中的评价因子，这些因子对评价区域中耕地地力影响较大，在评价区域内的变异较大，在时间序列上具有相对的稳定性，且因子之间的独立性较强。

2.3.3.1.2 确定评价因子的权重

采用特尔斐法和层次分析法确定各评价因子的权重。本次评价在县域耕地资源管理信息系统 V4.0 中进行，层次分析模型的构建主要包括准则层和指标层，具体构建如图2-4所示。在层次分析模型的基础上，通过各层次矩阵运算及检验，对准则层和指标层的权重进行了确定，以获得各评价因子的组合权重，具体结果见表2-4。

2.3.3.1.3 确定评价因子的隶属度

对定性的数据如地形部位、坡向、海拔等，采用特尔斐法直接给定相应的隶属度；对定量的数据如 pH 值和有效磷等，则采用特尔斐法与隶属函数法结合的方法确定各评价因子的隶属度函数，计算相应的隶属度（见表2-5）。此项工作由四川省农业厅组织有关专家完成（见四川省农业厅《四川省耕地地力评价工作方案》附表），所有的评价因子隶属度确定均在县域耕地资源管理信息系统 V4.0 中完成。

表 2-1　　　　　　　　全国耕地地力评价因子总集

气象	≥0℃积温	耕层理化性状	质地
	≥10℃积温		容重
	年降水量		pH 值
	全年日照时数		CEC
	光能辐射总量		有机质
	无霜期		全氮
	干燥度		有效磷
立地条件	经度		速效钾
	纬度		缓效钾
	海拔		有效锌
	地貌类型		有效硼
	地形部位		有效钼
	坡度		有效铜
	坡向		有效硅
	成土母质		有效锰
	土壤侵蚀类型		有效铁
	土壤侵蚀程度		有效硫
	林地覆盖率		交换性钙
	地面破碎情况		交换性镁
	地表岩石露头状况	障碍因素	障碍层类型
	地表砾石度		障碍层出现位置
	田面坡度		障碍层厚度
剖面性状	剖面构型		耕层含盐量
	质地构型		一米土层含盐量
	有效土层厚度		盐化类型
	耕层厚度		地下水矿化度
	腐殖层厚度	土壤管理	灌溉保证率
	田间持水量		灌溉模数
	冬季地下水位		抗旱能力
	潜水埋深		排涝能力
	水型		排涝模数
			轮作制度
			梯田类型
			梯田熟化年限

表 2-2　　　　　　　　　　　四川省各区域耕地地力评价指标

A层	B层	C层	成都平原	盆地丘陵	盆周山区	川西南山区	川西北高山高原
耕地地力	立地条件	高程			○	○	○
		坡度		○			
		有效土层厚度		○	○	○	○
		年降水量					○
		坡向			○	○	○
		地貌类型					○
		成土母质	○	○	○	○	
		地形部位		○	○		
		耕层厚度	○				
		障碍层类型	○				
	耕层理化性状	pH 值	○	○	○	○	○
		质地	○	○	○	○	○
		全氮	○	○	○	○	○
		有机质	○	○	○	○	○
		有效磷	○	○	○	○	○
		速效钾	○	○		○	
	土壤管理	灌溉保证率	○	○	○	○	○
		轮作制度	○	○			
		排涝能力	○				
		田面坡度			○	○	
		土壤侵蚀程度					○

注：打"○"指标为区域内主要考虑指标。

表 2-3　四川省耕地地力评价各因子专家评分结果

成土母质	砂质冲积物	壤质冲积物	粘质冲积物	中性砂岩残积物	石灰性砂岩残积物
隶属度	0.600	1.000	0.800	0.900	0.800

耕层厚度（厘米）	26	24	22	20	18	16	14	12	10	8	6	4
评估值	1.000	1.000	1.000	0.998	0.941	0.878	0.788	0.710	0.550	0.468	0.378	0.262

质地	松砂土	紧砂土	砂壤土	轻壤土	中壤土	重壤土	轻黏土	中黏土	重粘土
隶属度	0.422	0.556	0.750	0.900	1.000	0.914	0.828	0.733	0.617

pH值	9.1	8.8	8.5	8.2	7.9	7.6	7.3	7.0	6.8	6.5	6.2	5.9	5.6	5.3	5.0	4.7	4.4	4.1
评估值	0.155	0.434	0.634	0.711	0.789	0.929	0.981	0.996	1	0.984	0.887	0.829	0.772	0.650	0.579	0.485	0.297	0.233

有机（克/千克）	2.0	4.0	6.0	8.0	10.0	12.0	14.0	16.0	18.0	20.0	22.0	24.0	26.0	28.0	30.0	32.0	34.0
评估值	0.144	0.211	0.283	0.356	0.522	0.611	0.678	0.750	0.817	0.889	0.930	0.949	0.973	0.976	0.989	0.994	1.000

有效磷（毫克/千克）	2	4	6	8	10	12	15	20	25	30	35	40	45	50
评估值	0.300	0.389	0.483	0.550	0.644	0.728	0.800	0.889	0.909	0.963	0.970	1.000	1.000	1.000

速效钾（毫克/千克）	10	20	40	60	80	100	120	140	160	180	200	220	250
评估值	0.372	0.494	0.594	0.717	0.800	0.892	0.903	0.932	0.954	0.961	1.000	1.000	1.000

轮作制度	一年一熟（水稻）	一年一熟（玉米）	一年一熟（小麦）	一年一熟（油菜）	一年两熟（麦-稻）	一年两熟（麦-玉）	一年两熟（稻-油）	一年三熟（麦-稻-稻）	一年三熟（油-稻-稻）	一年三熟（麦-玉-苕）
隶属度	0.756	0.717	0.694	0.694	0.917	0.861	0.944	0.994	0.983	0.944

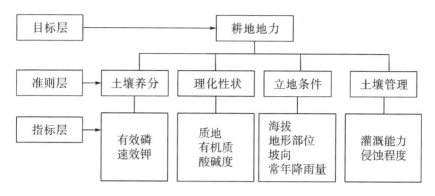

图 2-4   甘孜州耕地地力评价层次分析模型构建图

表 2-4   甘孜州耕地地力评价层次分析结果表

层次 A	层次 C				
	土壤养分	理化性质	立地条件	土壤管理	组合权重
	0.155 6	0.236 4	0.385 4	0.222 6	∑CiAi
有效磷	0.625 0				0.097 3
速效钾	0.375 0				0.058 4
质地		0.307 2			0.072 6
pH 值		0.185 4			0.043 8
有机质		0.507 4			0.119 9
海拔			0.163 9		0.063 2
地形部位			0.348 2		0.134 2
常年降雨量			0.216 5		0.083 4
坡向			0.271 5		0.104 6
侵蚀程度				0.428 6	0.095 4
灌溉能力				0.571 4	0.127 2

表 2-5　　　　　　　甘孜州耕地地力评价定量因子的隶属度函数

指标名称	函数类型	a 值	b 值	c 值	U1 值	U2 值
海拔	负直线型	0.000 526	1.171 243	0	1 339	2 226.7
酸碱度	峰型	0.283 926	0	6.810 042	4.5	8.5
有效磷	戒上型	0.000 833	0	38.296 464	5	38.3
速效钾	戒上型	0.000 028	0	194.049	10	194
有机质	戒上型	0.003 472	0	27.706 8	4.4	27.7
常年降雨量	峰型	0.000 001	0	1 408.463 880	400	1 409

2.3.3.2 评价单元获取及赋值

2.3.3.2.1 确定评价单元

耕地地力评价单元是由耕地构成因素组成的综合体，是具有专门特征的耕地单元。根据《耕地地力评价指南》，甘孜州耕地地力评价单元的确定是采用甘孜州土壤图、最新甘孜州土地利用现状图和最新甘孜州行政区划图叠加的方法得到的。这种评价单元生成的方法考虑全面、综合性强，经过多种图件叠加形成的评价单元空间界线和行政隶属关系明确。同一评价单元内土壤类型相同、土地利用类型相同、行政隶属相同，这样使评价结果容易落到实际的田间，便于对耕地地力做出评价，有利于对耕地进行利用与管理。

首先，进行土地利用现状图、土壤图和行政区划图的建库工作。将已数字化的甘孜州土地利用现状图、甘孜州土壤图和甘孜州行政区划图等空间数据进行质量检查，在保证质量的情况下，将已标准化的属性数据与空间数据进行连接，完成属性数据的录入。例如，土地利用现状图需录入的属性数据含地类名称、地类号、地类面积、计算面积和平差面积等，土壤图需录入的属性数据包括省、县两级土壤分类中各分类单元的名称，行政区划图需录入的属性数据包括行政单元名称、县内行政代码等。其次，提取甘孜州土地利用现状图中的农用地部分，形成农用地地块图，将其与甘孜州土壤图、甘孜州行政区划图进行交叉叠加，叠加所形成的图斑作为评价单元，使每个评价单元中拥有相同土地利用类型、土壤类型和明确的行政隶属。本次甘孜州耕地地力评价单元数量为1 886 个，评价区域耕地面积以甘孜州政府公布的耕地面积 1 103 766 亩（2009年统计面积）为准。

2.3.3.2.2 评价单元赋值

将耕地地力评价调查点位导入到 ArcGIS 中，采用地统计模块中的普通克里格（Ordinary Kriging）对点位中的 pH 值、有机质、有效磷、速效钾等进行插值，将插值图转化为 5 米×5 米的栅格，并在空间分析模块（Spatial Analysis）中通过加权统计给评价单元赋值。对于既无法进行插值也没有相应图件资料提供属性信息的评价因子，如灌溉能力等，在县域耕地资源管理信息系统 V4.0 中进行以点代面的处理。普通克里格法具体运算如公式（1）所示：

$$z^*(x_0) = \sum_{i=1}^{n} \lambda_i z(x_i) \qquad (1)$$

式中 $Z^*(X_0)$ 是待估点 X_0 处的估计值，$Z(X_i)$ 是实测值，λ_i 是分配给每个实测值的权重且 $\Sigma\lambda_i = 1$。N 是参与点估值的实测值的数目。

2.3.3.3　计算耕地地力综合指数

采用累加法计算每个评价单元的综合地力指数。

$$IFI = \sum (Fi \times Ci)$$

式中：IFI——耕地地力综合指数（Integrated Fertility Index）

　　　Fi——第 i 个评价因子的隶属度

　　　Ci——第 i 个评价因子的组合权重

2.3.4　县域耕地资源管理信息的建立

县域耕地资源管理信息系统基于组件式 GIS 开发，以一个县行政区域内的耕地资源为管理对象，以 GIS 技术对耕地、土壤、农田水利、农业经济等方面的空间数据和属性数据进行统一管理，在此基础上应用模糊分析、层次分析等数理统计方法进行耕地地力、耕地适应性等系列评价。该系统是一个开放式的应用平台。各县只要根据规范将本地的耕地资源信息输入计算机并建立当地的知识库，即可建成本地的耕地资源管理信息系统，具体的建设流程如图 2-5 所示。

县域耕地资源管理信息系统的建立可分为资料收集、基础数据库的建设、工作空间的构建和数据导入三大部分，其中的重点和难点是基础数据库的建立。

2.3.4.1　资料收集与整理

图件资料包括甘孜州土地利用现状图、土壤图（第二次土壤普查获得）、甘孜州行政区划图，其中纸制的图件在 ArcGIS 中进行了数字化处理。文本资料包括耕地地力调查点位化验资料，土壤类型代码表，第二次土壤普查撰写的《土壤普查报告》、测土配方施肥化验资料、田间试验资料、专家施肥推荐卡、农户施肥情况调查表、植株测试资料。在图件资料中土地利用现状图用以提取

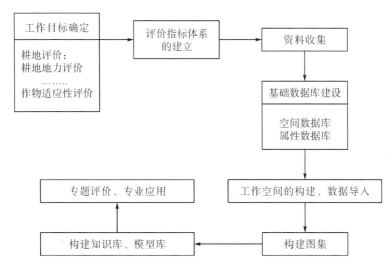

图 2-5　县域耕地资源管理信息系统建设流程

土地利用分类、地块权属、地块面积，附加提取村界、河流、道路、乡村名等要素；土壤图用以提取土壤类型界线（土种）；行政区划图用以提取县、乡、村界及名称。在资料收集的过程中，规范性关系到以后建立信息系统的质量，因此非常重要。在收集资料初期应进行大量收集，并按照收集—登记—完整性检查—可靠性检查—筛选—分类—编码—整理—归档的流程进行（见图 2-6）。

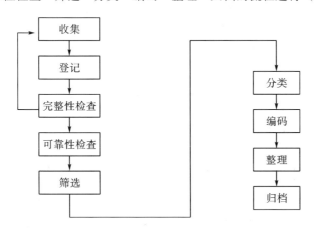

图 2-6　县域耕地资源管理信息系统资料收集及规范流程

2.3.4.2　基础数据库建设

基础数据库是县域耕地资源管理信息系统的核心，包括空间数据库、属性数据库及多媒体数据库，甘孜州耕地资源管理信息系统主要包括空间数据库和属性数据库。空间数据库主要用来集成表示空间实体的位置、形状、大小及其分布特征诸多方面信息的空间数据，即储备所有图形资料的数据银行，其具体的建立流程如图 2-7 所示，本次评价中的所有空间数据均以 shape 文件形式保存。空间数据的采集规则较多，主要包括：

州级地图采用 1：50 000 土地利用现状图为数学框架基础。

投影方式：高斯—克吕格投影，6 度分带。

坐标系及椭球参数：北京 54/克拉索夫斯基。

高程系统：1956 黄海高程基准。

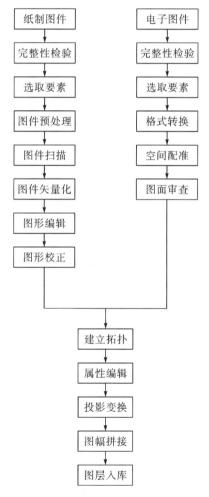

图 2-7　县域耕地资源管理信息系统空间数据库建设流程

野外调查 GPS 定位数据：初始数据采用经纬度并在调查表格中记载；装入 GIS 系统与图件匹配时，再投影转换为上述直角坐标系坐标。

属性数据库主要用来存贮空间数据的属性数据，在 ArcGIS 中对空间数据的属性进行整理后，可直接以 dbf 的形式直接保存。属性数据库的建立实际上包括两大部分内容：一是相关历史数据的标准化和数据库的建立；二是测土配方施肥项目产生的大量属性数据的录入和数据库的建立。属性数据采集指标较多，一般认为，由国家根据耕地资源数据库建立的需求制定全国耕地资源数据采集指标集，国家和省均可以对本级指标进行管理。各省自定义指标将由国家统一进行指标规范。指标集内的全部指标包括完整的命名、描述、格式、类型、存储定义、属性逻辑、约束、计算机操作等定义。对同一个数据采集任务下产生的指标集将采用统一的标准（数据类型、数据精度、数据时间的约束关系等）。由国家制定统一的基础数据编码规则，包括行业体系编码、行政区划编码、空间数据库图斑、图层编码、土壤分类编码、调查表分类编码等。

在基础数据库的建设过程中，耕地地力管理单元图的制作及相应属性的录入是重中之重，同时这也是整个耕地地力评价工作的核心。甘孜州此次评价过程中管理单元图的制作和指标数据的获取在 ArcGIS9.2 和县域耕地资源管理信息系统 V4.0 中共同进行，具体工作流程如图 2-8 所示。

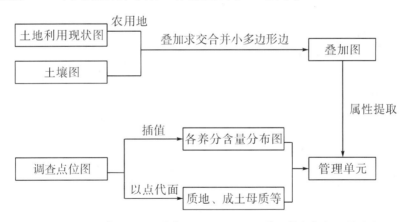

图 2-8 甘孜州耕地地力评价管理单元图制作及获取指标数据工作流程图

2.3.4.3 工作空间的构建及数据导入

依据《县域耕地资源管理信息系统数据字典》，完成空间数据及属性数据的标准化建库及连接，包括图名标准化、字段标准化、字段内容标准化及数值单位标准化等方面。然后在县域耕地资源管理信息系统 V4.0 中建立甘孜州工作空间。工作空间是一个以.cws 为后缀的特殊的文件夹，CLRMIS4.0 的工作空间是以县为单位建立，一个县一个工作空间，系统运行时所需的 GIS 数据、外部数据表、评价模型等都来自工作空间，分析和评价结果也储存在工作空间。最后将标准化、规范化后的耕地地力评价空间数据和属性数据通过 CLRIMS4.0 的空间数据维护和外部数据维护功能模块导入工作空间，并通过该系统完成耕地生产潜力评价等工作。

2.3.5 耕地地力等级划分与成果图件输出

在县域耕地资源管理信息系统 V4.0 中，以评价单元为对象，结合层次分析模型和隶属度模型进行耕地地力（耕地生产潜力）评价。本次甘孜州评价所得的耕地地力综合指数为 0.680 0~0.845 0，根据耕地地力分等标准，甘孜州的耕地地力等级在一级地到五级地之间（见表 2-6）。其中，一级地的耕地地力综合指数>0.845 0，总面积为 79 051 亩，占总耕地面积的 5.86%；二级地的耕地地力综合指数为 0.796 0~0.845 0，总面积为 198 278 亩，占总耕地面积的 14.69%；三级地的耕地地力综合指数为 0.750 0~0.796 0，总面积为 322 590 亩，占总耕地面积的 23.90%；四级地的耕地地力综合指数为 0.680 0~0.750 0，总面积为 576 461 亩，占总耕地面积的 42.70%；五级地的耕地地力综合指数<0.680 0，总面积为 173 590 亩，占总耕地面积的 12.86%。这中间，一级地和二级地为甘孜州的高产田，总共占全州耕地面积的 20.54%；三、四、五级地为甘孜州的中低产田，共占全州耕地总面积的 79.46%。根据评价结果，工作小组按照制图规范制作了甘孜州耕地地力等级分布图，见图 2-9。

2.3.6 划分中低产田类型

依据全国农业技术推广服务中心编著的《耕地地力评价指南》，甘孜州工作小组在四川省耕地地力评价指标体系的基础上选取了有效磷、速效钾、质地、pH 值、有机质、海拔、地形部位、常年降雨量、坡向、侵蚀程度、灌溉能力 11 个指标作为甘孜州耕地地力评价的评价因子，运用特尔斐法和层次分析模型在县域耕地资源管理信息系统 V4.0（CLRMIS4.0）中对甘孜州耕地生产潜力进行了评价。评价结果依据全国耕地地力分级标准和地力综合指数，甘孜州耕地生产潜力处于一等地、二等地、三等地、四等地、五等地的水平。依据《全国中低产田类型划分与改良技术规范》（NY/T310-1996），2011 年，全州共有中低产田土 1 072 641 亩，占全州耕地面积的 79.46%（见表 2-6）。

表 2-6　　　　甘孜州旱地地力等级划分基本情况及分布特点

县地力等级		一级	二级	三级	四级	五级	合计
面积 统计	耕地面积(亩)	79 051	198 278	322 590	576 461	173 590	11 349 970
	占耕地比例(%)	5.86	14.69	23.90	42.70	12.86	100
地力综合指数		>0.845	0.796~ 0.845	0.750~ 0.796	0.680~ 0.750	<0.680	

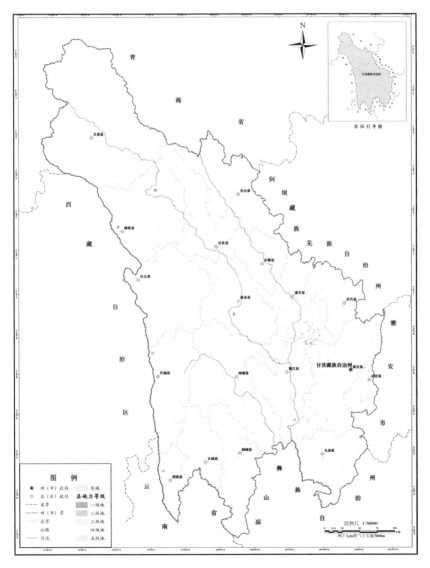

图 2-9　甘孜藏族自治州耕地地力等级分布图

2.3.7 评价结果验证

为了验证评价结果的准确性和实用性，本州耕地地力评价结果主要采取了专家确认、田间试验数据验证、实地调查、问卷调查的方式，对评价结果的准确性进行了验证。

2.3.7.1 专家确认

本研究邀请了甘孜州农业局土肥、农技、植保、种子等方面的 10 名专家，召开了地力评价结果审阅会。根据专家经验，认为与现实相符的有 6 人，占被调查人员的 60%；基本相符的有 3 人，占 30%；与现实有一定差异的有 1 人，占 10%。同时，工作小组将评价结果传送给各县农牧局，各县农牧局反馈意见认为，各县的地力评价结果与实际吻合度达到了 90% 以上，仅部分小地块的地力等级与评价结果图不相一致。综合专家意见，此次地力评价结果与现实状况相符。

2.3.7.2 田间试验数据验证

为了进一步验证结果的准确性，将 2009—2011 年甘孜州农技土肥站测土配方施肥田间试验数据进行分析，以验证该地力评价结果与现实的吻合性。甘孜州耕地以旱地为主，因此只做了旱地田间试验验证。

（1）基础地力高水平的验证

2009 年在泸定县岚安乡昂州村杨军家进行了玉米肥效试验。该试验点地处东经 102°13′16″，北纬 31°1′49″，海拔 2 253 米，土属为暗褐土，土种为黑褐砂泥土，土壤 pH 值为 7，有机质 32.7 克/千克，碱解氮 124 毫克/千克，速效钾 137 毫克/千克，有效磷 27.1 毫克/千克。试验结果表明，该土壤原始生产力高，无肥区玉米产量 348 千克/亩，全肥区玉米产量 550 千克/亩，无肥区相当于全肥区产量的 63.3%。此次地力评价出的该试验点正好处于一级地区域。

（2）基础地力中等水平的验证

2010 年在康定县孔玉乡寸达村农户李银康家进行了玉米肥效试验。该试验点地处东经 102°3′22″，北纬 30°32′27″，海拔 1 970 米，土属为暗褐土，土种为厚层暗褐砂泥土，土壤 pH 值为 6.9，有机质 19.6 克/千克，碱解氮 110 毫克/千克，速效钾 134 毫克/千克，有效磷 8.5 毫克/千克。试验结果表明土壤原始生产力中上，无肥区玉米产量 257 千克/亩，全肥区玉米产量 430 千克/亩，无肥区相当于全肥区产量的 60%。此次地力评价康定县孔玉乡寸达村农户杨李银康家的玉米地正好处于三级地区域。

（3）基础地力低水平的验证

2009 年在理塘县藏坝乡安多村农户格绒家进行了小麦肥效试验。该试验点地处东经100°26′28″，北纬29°38′51″，海拔3 731米，土属为壤土，土种为亚高山草甸土，土壤pH值为6.7，有机质10.8克/千克，碱解氮80毫克/千克，速效钾60毫克/千克，有效磷8.2毫克/千克。试验结果表明土壤原始生产力较低，无肥区小麦产量89千克/亩，全肥区小麦产量168千克/亩，无肥区相当于全肥区产量的52.8%。由于其地处高山草原，气候恶劣，土层厚度较薄，所以小麦生产力受限制。此次地力评价理塘县藏坝乡安多村农户格绒家的小麦地正好处于四等地区域。

综合2009—2010年的田间试验，此次甘孜州耕地地力评价结果与现实基本相符。

2.3.7.3 实地调查

按照农技总站制订的调查验证方案和调查表格，安排专人于2012年11月4日至6日，到康定县炉城镇、新都桥镇、沙德乡等实地调查了11户，现场了解群众青稞、玉米、马铃薯等作物的生产力，逐一核实评价结果的真实性、适用性，调查结果与评价结果基本吻合。

2.3.7.4 问卷调查

专门制作了地力评价询问表格，发放问卷100份，回收92份。据统计，认为地力评价结果与现实相符的占71人，占回收的77.17%；基本相符的12人，占13.04%；有较大差异的7人，占7.61%；不相符的1人，占1.08%。

采取问卷调查的方式，调查对象为在常规施肥水平条件下高、中、低产水平的青稞、玉米、马铃薯等作物的种植农户。按照群众的习惯，将地力等级分为上、中、下三等，青稞（小麦）每亩产量220千克以上为上等，150~220千克为中等，150千克以下为下等；玉米每亩产量420千克以上为上等，350~420千克为中等，350千克以下为下等。验证结果表明，农民对自己承包地的地力评价与评价结果基本吻合。

2.4 耕地土壤与立地条件

2.4.1 耕地土壤类型和面积

根据第二次土壤普查，甘孜州农耕土壤分为15个土类、22个亚类、43个土属、69个土种，按中国土壤分类与代码（GB/T17296-2000）分类。

2.4.1.1　耕地土壤类型和面积

　　根据统计，甘孜州现有耕地 1 349 970 亩，从各县耕地土壤分布情况（见表 2-7）来看，泸定县、康定县、九龙县、道孚县、炉霍县、甘孜县、新龙县、德格县、白玉县、石渠县、理塘县、巴塘县、稻城县、得荣县 14 个县耕地面积均超过了 50 000 亩，共有 1 212 375 亩，占全州耕地面积的 89.81%。特别是康定县、道孚县和甘孜县 3 个县耕地面积最大，都在 10 万亩以上，共有 456 570 亩，占全州耕地面积的 33.82%。色达县耕地面积最较小，仅有 17 805 亩，仅占全州耕地面积的 1.32%。

表 2-7　　　　　　　　　　甘孜州各县耕地面积统计

县名	面积（亩）	占全州耕地（%）	县名	面积（亩）	占全州耕地（%）
康定县	140 100	10.38	德格县	74 985	5.55
泸定县	73 305	5.43	白玉县	83 790	6.21
丹巴县	39 480	2.92	石渠县	87 090	6.45
九龙县	56 880	4.21	色达县	17 805	1.32
雅江县	45 555	3.37	理塘县	64 305	4.76
道孚县	115 470	8.56	巴塘县	73 590	5.45
炉霍县	68 460	5.07	乡城县	34 755	2.57
甘孜县	201 000	14.89	稻城县	51 570	3.82
新龙县	65 130	4.83	得荣县	56 700	4.21
合计				1 349 970	100

2.4.1.2　耕地土壤亚类的分布

　　由于甘孜州地处川西北高山高原区，第二次土壤普查时受条件限制没有土种和土属图，只能按土壤亚类进行统计。从耕地土壤亚类分布情况（见表 2-8）来看，本次统计的 24 个亚类中，分布面积较大的亚类有暗褐土、暗棕壤、高山草甸土、褐土性土、黄褐土、黄棕壤、淋溶褐土、石灰性褐土、亚高山草甸土、亚高山灌丛草甸土、燥褐土、沼泽土、棕壤、棕色石灰土和棕色针叶林土 15 个亚类，面积均在 10 000 亩以上，共有 1 315 682 亩，占全州耕地面积的面积的 97.46%。这 15 个亚类土壤对甘孜州农业生产具有举足轻重的作用，农业生产过程中一定要注重对这些亚类的合理使用和培肥改良。暗褐土、暗棕壤、亚高山草甸土、棕壤 4 个亚类最多，面积都在 10 万亩以上，共有

941 126 亩，占全州耕地面积的 69.71%，其中面积最大的是暗褐土，有 331 129 亩，仅一个亚类就占全州耕地面积的 24.53%。5 000 亩以下的亚类有草甸土、褐土、黑色石灰土、灰化棕色针叶林土、中性粗骨土和棕壤性土 6 个亚类，共有 13 926 亩，占全州耕地面积的面积的 1.03%。

表 2-8　　　　　　　　　　甘孜州土壤各亚类耕地面积统计

土壤亚类	面积（亩）	占全州耕地（%）	土壤亚类	面积（亩）	占全州耕地（%）
暗褐土	331 129	24.53	灰化棕色针叶林土	3 763	0.28
暗棕壤	167 040	12.37	淋溶褐土	27 642	2.05
草甸土	2 254	0.17	石灰性褐土	78 456	5.81
高山草甸土	52 176	3.38	亚高山草甸土	278 854	20.66
高山灌丛草甸土	8 957	0.66	亚高山灌丛草甸土	69 176	5.12
高山寒漠土	5 488	0.41	燥褐土	42 202	3.13
高位泥炭土	5 917	0.44	沼泽土	11 671	0.86
褐土	1 571	0.12	中性粗骨土	3 891	0.29
褐土性土	14 923	1.11	棕壤	164 103	12.16
黑色石灰土	126	0.01	棕壤性土	2 321	0.17
黄褐土	16 731	1.24	棕色石灰土	10 126	0.75
黄棕壤	26 897	1.99	棕色针叶林土	24 556	1.82
			合计	1 349 970	100

2.4.2　耕地立地条件状况

甘孜州各地区常年降雨量变化较大。同时，按其绝对海拔高度差异，海拔高度一般为 2 000~3 500 米，山地可以分为低山、中山、高山、极高山。因为海拔高，多山地，坡向对其影响较大。耕地立地条件主要考虑变化较大的因子作为评价指标的要素，在甘孜州主要选择地形部位、海拔、常年降雨量、坡向等。

2.4.2.1　地形部位

耕地地形部位是指耕地地块所处的能影响耕地土壤理化特性的最末一级地貌单元，地形部位对耕地地力等级有较大的影响。甘孜州此次耕地地力评价地块调查时涉及的地形部位主要有洪积扇、一级阶地、山前平原、山前倾斜平原、山前台地和坡地6种。洪积扇分布面积最小，仅有19 477亩，占全州耕地面积的1.44%；一级阶地有44 027亩，占全州耕地面积的3.26%；山前平原分布面积最大，有598 465亩，占全州耕地面积的44.34%；山前倾斜平原有229 924亩，占全州耕地面积的17.04%；山前台地有129 552亩，占全州耕地面积的9.60%；坡地为328 525亩，占全州耕地面积的24.34%。其中以坡地和山前平原为主，共计有926 990亩，占全州耕地面积的68.68%，这与甘孜州的地形地貌是很吻合的。

从各县不同地形部位分布的耕地面积（见表2-9）来看，洪积扇只分布在康定县、炉霍县、甘孜县和白玉县4个县。其中分布面积最大的是甘孜县，有12 872亩，占本地形部位的66.09%；其次为康定县和白玉县，共有5 050亩，占本地形部位的25.93%。一级阶地仅在康定县、丹巴县、雅江县和巴塘县4个县有分布。分布面积较大是康定县和丹巴县，共有37 313亩，占本地形部位的84.75%；山前平原分布面积最大，除石渠县外的其他17县均有分布。面积大于20 000亩的有康定县、泸定县、雅江县、道孚县、甘孜县、新龙县、德格县、白玉县、理塘县、稻城县和德荣县，共计530 848亩，占本地形部位的88.70%。道孚县分布面积最大，有105 158亩，占本地形部位的17.57%；丹巴县分布面积较小，有1 631亩，占本地形部位0.27%。山前倾斜平原除在雅江县、炉霍县、甘孜县、新龙县、白玉县和德荣县6个县无分布外，其余12个县均有分布。其中有泸定县、九龙县、道孚县、德格县、石渠县、理塘县、巴塘县和稻城县8个县分布面积均超过10 000亩，共有215 611亩，占本地形部位的93.77%。其中石渠县面积最大，有87 088亩，占全州该地形部位面积的37.88%；其次为泸定县和理塘县，均有20 000多亩，共占全州该地形部位面积的21.69%。山前台地主要分布在康定县、泸定县、丹巴县、雅江县、炉霍县、新龙县、色达县、巴塘县、乡城县和德荣县10个县。分布面积超过10 000亩的有康定县、泸定县、丹巴县、炉霍县和乡城县5个县，有104 821亩，占本地形部位的80.91%。其中康定县最多，有36 000多亩，占本地形部位的27.86%。坡地除在丹巴县、雅江县、道孚县、石渠县、乡城县、稻城县和德荣外，在其余11个县均有分布，其中分布面积大于10 000亩的有九龙县、炉霍县、甘孜县、新龙具、德格县、白玉县、色达县和巴塘县，共有324 421亩，占本地形部位的98.75%，分布面积最大的是甘孜县，有153 029亩，占本地形部位的46.58%。

从各亚类在不同地形部位的分布情况（见表2-10）来看，洪积扇主要分布有暗褐土、暗棕壤、高山草甸土、石灰性褐土、亚高山草甸土、亚高山灌丛草甸土、燥褐土和棕壤 8 个亚类，面积大于 1 000 亩的有暗褐土、暗棕壤、高山草甸土、石灰性褐土和亚高山草甸土 5 个亚类，共有 17 719 亩，占本地形部位的 90.97%。其中暗褐土和高山草甸土最多，均在 5 000 亩以上，共有 13 484 亩，占本地形部位的 69.23%。一级阶地主要分布有暗褐土、暗棕壤、高山草甸土、高山灌丛草甸土、高山寒漠土、褐土性土、淋溶褐土、石灰性褐土、亚高山草甸土、亚高山灌丛草甸土、燥褐土、中性粗骨土和棕壤 13 个亚类，其中淋溶褐土、亚高山草甸土、亚高山灌丛草甸土、燥褐土和棕壤 5 个亚类分布面积大于 4 000 亩，共有 32 226 亩，占本地形部位的 73.20%。山前平原除草甸土、褐土和黑色石灰土 3 个亚类无分布外，其余 21 个亚类均有分布，其中暗褐土、暗棕壤、高山草甸土、黄棕壤、石灰性褐土、亚高山草甸土、亚高山灌丛草甸土、燥褐土、棕壤 9 个亚类分布面积均大于 10 000 亩，共有 552 235 亩，占本地形部位的 92.28%。暗棕壤和亚高山草甸土面积最大，均在 100 000 亩以上，共有 238 457 亩，占本地形部位的 39.84%。山前倾斜平原除高山寒漠土、沼泽土和棕壤性土 3 个亚类没有分布外，其余 21 个亚类均有分布，其中分布面积大于 5 000 亩的有暗褐土、暗棕壤、高山草甸土、黄褐土、黄棕壤、淋溶褐土、石灰性褐土、燥褐土、亚高山草甸土、棕壤和棕色针叶林土 11 个亚类，共有 217 679 亩，占本地形部位的 94.67%。其中暗褐土最多，有 90 669 亩，占 39.43%；其次为暗棕壤、高山草甸土、亚高山草甸土和棕壤，面积在 10 000~30 000 亩，共有 87 156 亩，占 37.91%。山前台地除草甸土、高山草甸土、高山灌丛草甸土、高山寒漠土、高位泥炭土、褐土、黑色石灰土、黄棕壤、灰化棕色针叶林土和沼泽土 10 个亚类无分布外，其他 14 个亚类均有分布，分布面积大于 5 000 亩的有暗褐土、暗棕壤、褐土性土、淋溶褐土、石灰性褐土、亚高山草甸土、亚高山灌丛草甸土、燥褐土和棕壤 9 个亚类，共有 117 702 亩，占本地形部位的 90.85%。其中棕壤最多，有 28 383 亩，占 21.91%；其次为暗褐土、暗棕壤、淋溶褐土、石灰性褐土和燥褐土，面积均在 10 000~20 000 亩，共有 58 569 亩，占 45.21%。坡地除高山寒漠土、褐土、褐土性土、黑色石灰土、淋溶褐土、燥褐土和棕色石灰土 7 个亚类外，其余 17 个亚类均有分布，其中分布面积大于 10 000 亩的有暗褐土、暗棕壤、高山草甸土、亚高山草甸土和棕壤 5 个亚类，共有 279 043 亩，占本地形部位的 84.94%。暗褐土和亚高山草甸土面积最大，均在 100 000 亩以上，共有 227 698 亩，占 69.31%。

表2-9

甘孜州各县不同地形部位耕地面积统计

县	洪积扇		一级阶地		山前平原		山前倾斜平原		山前台地		坡地		合计	
	面积(亩)	比例(%)	面积(亩)	比例(%)	面积(亩)	比例(%)	面积(亩)	比例(%)	面积(亩)	比例(%)	面积(亩)	比例(%)	面积(亩)	比例(%)
康定县	2 873	14.75	21 068	47.85	74 291	12.41	5 757	2.50	36 087	27.86	24	0.01	140 100	10.38
泸定县					29 121	4.87	26 997	11.74	13 648	10.53	3 540	1.08	73 306	5.43
丹巴县			16 245	36.90	1 631	0.27	2 291	1.00	19 314	14.91			39 481	2.92
九龙县					13 750	2.30	15 029	6.54			28 101	8.55	56 880	4.21
雅江县			2 787	6.33	35 907	6.00	10 312	4.48	6 861	5.30			45 555	3.37
道孚县	1 555	7.98			105 158	17.57							115 470	8.56
炉霍县					16 839	2.81			21 940	16.94	28 126	8.56	68 460	5.07
甘孜县	12 872	66.09			35 099	5.86					153 029	46.58	201 000	14.89
新龙县					37 667	6.29	17 441	7.59	2 960	2.28	24 503	7.46	65 130	4.83
德格县					36 598	6.12					20 946	6.38	74 985	5.55
白玉县	2 177	11.18			52 675	8.80					28 937	8.81	83 789	6.21
石渠县							87 090	37.88					87 090	6.45
色达县					2 750	0.46	1 515	0.66	1 399	1.08	12 141	3.70	17 805	1.32
理塘县					40 899	6.83	22 866	9.95			540	0.16	64 305	4.76
巴塘县			3 927	8.92	16 471	2.75	18 882	8.21	5 672	4.38	28 638	8.72	73 590	5.45
乡城县					16 174	2.70	4 750	2.07	13 832	10.68			34 756	2.57
稻城县					34 574	5.78	16 994	7.39					51 568	3.82
得荣县					48 861	8.16			7 839	6.05			56 700	4.21
合计	19 477	100	44 027	100	598 465	100	229 924	100	129 552	100	328 525	100	1 349 970	100

表 2-10

甘孜州各土壤亚类不同地形部位耕地面积统计

土壤亚类	洪积扇 面积（亩）	洪积扇 比例（%）	一级阶地 面积（亩）	一级阶地 比例（%）	山前平原 面积（亩）	山前平原 比例（%）	山前倾斜平原 面积（亩）	山前倾斜平原 比例（%）	山前台地 面积（亩）	山前台地 比例（%）	坡地 面积（亩）	坡地 比例（%）	合计 面积（亩）	合计 比例（%）
暗褐土	7 750	39.79	2 972	6.75	96 965	16.20	90 669	39.43	18 115	13.98	114 657	34.90	331 128	24.53
暗棕壤	1 029	5.28	1 659	3.77	113 499	18.97	15 213	6.61	13 619	10.51	22 022	6.70	167 041	12.37
草甸土							157	0.06			2 098	0.64	2 255	0.17
高山草甸土	5 734	29.43	736	1.67	21 206	3.54	13 409	5.85			11 089	3.38	52 174	3.86
高山灌丛草漠土			2 622	5.96	3 679	0.61	944	0.41			1 711	0.52	8 956	0.66
高山寒漠土			201	0.46	5 286	0.88							5 487	0.41
高位泥炭土					171	0.03	109	0.05					5 917	0.44
褐土							1 571	0.68	7 407	5.72	5 637	1.72	1 571	0.12
褐土性土			1 931	4.39	4 900	0.82	685	0.30					14 923	1.11
黑色石灰土							126	0.05					126	0.01
黄褐土					5 189	0.87	5 579	2.43	4 846	3.74	1 117	0.34	16 731	1.24
黄棕壤					10 077	1.68	6 944	3.02			9 876	3.01	26 897	1.99
灰化棕色针叶林土			4 818	10.94	157	0.03	2 776	1.21			830	0.25	3 763	0.28
淋溶褐土	1 967	10.10	1 500	3.41	6 549	1.09	6 229	2.71	10 047	7.76	6 568	2.00	27 643	2.05
石灰性褐土	1 239	6.36	4 874	11.07	42 891	7.17	9 370	4.08	16 161	12.47	113 041	34.41	78 457	5.81
亚高山草甸土	852	4.37	5 699	12.94	124 958	20.88	29 667	12.90	5 075	3.92	5 107	1.55	278 854	20.66
亚高山灌丛草甸土	548	2.81	7 080	16.08	45 712	7.64	3 537	1.54	8 268	6.38			69 175	5.12
燥褐土					18 422	3.08	5 526	2.40	10 627	8.20	6 058	1.84	42 203	3.13
沼泽土			180	0.41	5 614	0.94					702	0.21	11 672	0.86
中性粗骨土					649	0.11	2 317	1.01	43	0.03			3 891	0.29
棕壤	359	1.84	9 755	22.16	78 505	13.12	28 867	12.56	28 383	21.91	18 234	5.55	164 103	12.16
棕壤性土					221	0.04	23	0.01	106	0.08	1 994	0.61	2 321	0.17
棕色石灰土					7 322	1.22	6 206	2.70	2 781	2.15			10 126	0.75
棕色针叶林土					6 493	1.08			4 074	3.14	7 783	2.37	24 556	1.82
总计	19 477	100	44 027	100	598 465	100	229 924	100	129 552	100	328 525	100	1 349 970	100

2.4.2.2　坡向

不同坡向对本州生物气候影响很大，南坡日照强，北坡日照弱，东坡雨量多，西坡雨量少，这使得与气候相适应的植被类型也随之发生变化。本次甘孜州耕地地力评价中依据耕地地力调查结果中调查点位的坡向，采用以点代面的方式获得了各评价单元的坡向属性，将全州坡向分为了平地、北、东北、东、东南、南、西南、西和西北九个类型。平地有631 277亩，占全州耕地面积的46.76%；向北方向有61 927亩，占全州耕地面积的4.59%；向东北有29 712亩，占全州耕地面积的2.20%；向东方向有264 982亩，占全州耕地面积的19.63%；向东南方向有59 160亩，占全州耕地面积的4.38%；向南方向有99 104亩，占全州耕地面积的7.34%；向西南方向有57 056亩，占全州耕地面积的4.23%；向西方向分布有131 483亩，占全州耕地面积的9.74%；向西北方向分布面积最小，有15 269亩，占全州耕地面积的1.13%。

从各县不同坡向分布的耕地面积（见表2-11、表2-12）来看，除泸定县、石渠县、稻城县和得荣县4个县外，其他14个县均有平地分布，面积最大的是甘孜县，仅一个县就有180 422亩，占平地面积的28.58%；其次为康定县和道孚县，共有201 917亩，占平地面积的31.99%；巴塘县分布面积最小，有957亩，仅占该类型的0.15%。除雅江县、甘孜县、新龙县、白玉县、石渠县、色达县、理塘县和得荣县8个县外，其他10个县均有向北的耕地，其中九龙县和稻城县分布面积最大，共有33 447亩，占该类型的54.01%，道孚县和德格县分布面积最小，2个县共有385亩，仅占该类型的0.62%。全州有8个县有向东北的耕地，其中康定县、新龙县和德格县分布面积较大，均大于5 000亩，共计20 871亩，占该类型的70.24%，色达县分布面积最小，有176亩，仅占该类型的0.58%。除雅江县、新龙县、甘孜县和白玉县4个县外，其他14个县均有向东的耕地。分布面积大于10 000亩的有泸定县、丹巴县、九龙县、石渠县、巴塘县、稻城县和得荣县，共计234 208亩，占该类型的88.39%。其中石渠县面积最大，有87 090亩，占32.87%；其次为九龙县、巴塘县和得荣县，面积在25 000~55 000亩，共有110 432亩，占41.68%；面积较小的是道孚县，有566亩，仅占该类型的0.21%。耕地坡向为东南的县有康定县、泸定县、炉霍县、新龙县、德格县、白玉县、色达县和理塘县8个县。其中康定县、泸定县、德格县和白玉县分布面积大于5 000亩，共计52 555亩，占该类型的88.84%；泸定县和白玉县面积最大，共有35 076亩，占59.29%。除九龙县、雅江县、新龙县、德格县、石渠县和得荣县外，其他12个县均有向南的耕地。分布面积大于10 000亩的有泸定县、丹巴县、甘孜县和巴塘县，共计 71 433 亩，占该类型的 72.08%；面积最小的是色达县，有184 亩，仅占该类型的 0.19%。除丹巴县、九龙县、炉霍县、甘孜县、石渠县、乡城县、稻城县和得荣县 8 个县外，其余 10 个县有向西南的耕地，其中理塘县分布面积最大，有 23 059 亩，占该类型的 40.41%；其次为白玉县，有12 824 亩，占 22.48%；道孚县分布面积最小，有 396 亩，仅占该类型的0.69%。除甘孜县、新龙县和石渠县外，其余 15 个县均有向西的耕地，其中雅江县、道孚县、理塘县、巴塘县、乡城县和稻城县向西耕地面积最大，均在10 000 亩以上，共有 96 496 亩，占该类型的 73.39%；康定县、泸定县、九龙县和德格县向西耕地面积在 5 000～10 000 亩，共计 27 188 亩，占该类型的20.68%；白玉县分布面积最小，有 60 亩，仅占该类型的 0.05%。仅康定县、泸定县、雅江县、新龙县、白玉县、理塘县和巴塘县 7 个县有向西北的耕地，其中面积大于 2 000 亩的有泸定县、新龙县、白玉县和理塘县，共计 11 468亩，占该类型的 75.11%；康定县分布面积最小，有 601 亩，仅占该类型的 3.94%。

各亚类土壤坡向情况如表 2-13、表 2-14 所示。从表中可知，除褐土、黑色石灰土、黄褐土、灰化棕色针叶林土、棕壤性土和棕色石灰土外其余 18 个亚类在平地上都有分布。其中暗褐土和亚高山草甸土分布面积最大，共有377 453 亩，占平地面积的 59.79%；其次为暗棕壤、高山草甸土、石灰性褐土、亚高山灌丛草甸土、沼泽土和棕壤 6 个亚类面积均在 10 000～65 000 亩，共有 230 543 亩，占平地面积的 36.52%；较小的为高山灌丛草甸土、黄棕壤和中性粗骨土，均不足 600 亩，共计 1 345 亩，占平地面积的 0.21%。除草甸土、高山灌丛草甸土、高山寒漠土、高位泥炭土、褐土、黑色石灰土、灰化棕色针叶林土、沼泽土和棕壤性土外，全州 15 个亚类均有向北方向的耕地。其中暗棕壤和棕壤分布面积最大，均大于 10 000 亩，共计 26 749 亩，占该类型的 43.19%；其次为黄棕壤和亚高山草甸土，面积在 5 000～10 000 亩，共有16 430 亩，占北向耕地面积的 26.53%；面积最小的是燥褐土，仅 229 亩，占该类型的 0.37%。本州暗褐土、暗棕壤、高山寒漠土、黄褐土、淋溶褐土、石灰性褐土、亚高山草甸土、亚高山灌丛草甸土、燥褐土、棕壤和棕色针叶林土11 个亚类在向东北的耕地上都有分布，其中暗褐土、暗棕壤和棕壤分布面积较大，均大于 5 000 亩，共有 18 457 亩，占该类型的 62.12%；其次为石灰性褐土、亚高山灌丛草甸土和燥褐土，面积在 1 500～4 500 亩，共有 8 619 亩，占该类型的 29.01%；面积最小的为黄褐土，有 277 亩，占该类型的 0.93%。全州除高位泥炭土、褐土、黑色石灰土和沼泽土 4 个亚类，其他 20 个亚类均有向东方向的耕地，其中暗褐土面积最大，有 89 326 亩，占该类型的 33.71%；其次为暗棕壤、高山草甸土、石灰性褐土、亚高山草甸土、燥褐土和棕壤，面积均在 10 000~40 000 亩，共计 130 258 亩，占该类型的 49.16%；面积较小的有草甸土、灰化棕色针叶林土和中性粗骨土，面积均在 1 000 亩以下，共有 1 797 亩，仅占该类型的 0.68%。除草甸土、高山灌丛草甸土、高位泥炭土、褐土、黑色石灰土、黄棕壤、沼泽土、中性粗骨土、棕壤性土和棕色石灰土 10 个亚类外，其余 14 个亚类有向东南方向的耕地，其中暗褐土面积最大，有 12 446 亩，占该类型的 21.04%；其次为暗棕壤、亚高山草甸土、燥褐土、棕壤和棕色针叶林土 5 个亚类，面积在 5 000~10 000 亩，共有 35 057 亩，占该类型的 59.26%；高山草甸土、高山寒漠土、褐土性土和亚高山灌丛草甸土面积都较小，均不足 1 000 亩，共有 1 594 亩，仅占该类型的 2.69%。除草甸土、高位泥炭土、褐土、黑色石灰土、沼泽土和中性粗骨土 6 个亚类，其余 18 个亚类在向南的耕地上都有分布。其中暗褐土、暗棕壤、亚高山草甸土和棕壤分布面积较大，均大于 10 000 亩，共有 60 934 亩，占该类型的 61.48%；灰化棕色针叶林土、亚高山灌丛草甸土、棕壤性土和棕色石灰土面积最小，均不足 800 亩，共有 939 亩，仅占该类型的 0.95%。除草甸土、高山寒漠土、褐土、黄棕壤、灰化棕色针叶林土、沼泽土、中性粗骨土、棕壤性土、棕色石灰土和棕色针叶林土外，其余 14 个亚类均有向西南的耕地。其中暗褐土和亚高山草甸土分布面积最大，均大于 10 000 亩，共计 25 851 亩，占该类型的 45.31%；高山草甸土、高山灌丛草甸土、高位泥炭土、黑色石灰土和淋溶褐土面积均较小，均不足 1 000 亩，共有 2 121 亩，占该类型的 3.72%。除草甸土、高位泥炭土、黑色石灰土和沼泽土外，其余 20 个亚类均有向西方向的耕地。其中暗褐土、暗棕壤、石灰性褐土、亚高山草甸土和棕壤分布面积较大，均大于 10 000 亩，共计 93 077 亩，占该类型的 70.79%；面积不足 800 亩的有高山寒漠土、褐土性土、黄棕壤、灰化棕色针叶林土和棕壤性土，共有 2 190 亩，占该类型的 1.67%。全州仅暗褐土、暗棕壤、黄褐土、淋溶褐土、石灰性褐土、亚高山草甸土、亚高山灌丛草甸土、燥褐土、棕壤和棕色针叶林土 10 个亚类有向西北方向的耕地。其中暗棕壤分布面积最大，有 5 413 亩，占该类型的 35.44%；其次为暗褐土、黄褐土、淋溶褐土、石灰性褐土和燥褐土，面积在 1 000~3 000 亩，共有 7 990 亩，占该类型的 52.33%；其余均不足 1 000 亩。

表 2-11 　　　　　　　　甘孜州各县不同坡向耕地面积统计

县名	平地 面积（亩）	平地 比例（%）	北 面积（亩）	北 比例（%）	东北 面积（亩）	东北 比例（%）	东 面积（亩）	东 比例（%）	东南 面积（亩）	东南 比例（%）
康定县	99 557	15.77	5 808	9.38	7 756	26.10	7 183	2.71	9 071	15.33
泸定县			2 924	4.72	3 802	12.80	12 791	4.83	22 170	37.47
丹巴县	4 002	0.63	3 018	4.84			12 686	4.79		
九龙县	5 974	0.95	15 029	24.27			29 528	11.14		
雅江县	30 907	4.90								
道孚县	102 360	16.21	72	0.12			566	0.21		
炉霍县	41 860	6.63	9 913	16.01	306	1.03	5 355	2.02	1 126	1.90
甘孜县	180 422	28.58								
新龙县	47 697	7.56			6 781	22.82			812	1.37
德格县	47 956	7.60	313	0.50	6 334	21.32	5 047	1.91	8 408	14.21
白玉县	48 532	7.69							12 906	21.82
石渠县							87 090	32.87		
色达县	14 707	2.33			176	0.58	969	0.37	247	0.42
理塘县	1 755	0.28			2 420	8.14	2 163	0.82	4 420	7.47
巴塘县	957	0.15	3 107	5.02	2 137	7.19	28 034	10.58		
乡城县	4 591	0.73	3 325	5.37			9 491	3.58		
稻城县			18 418	29.74			11 209	4.23		
得荣县							52 870	19.95		
合计	631 277	100	61 927	100	29 712	100	264 982	100	59 160	100

表 2-12 　　　　　　　甘孜州各县不同坡向耕地面积统计（续）

县名	南 面积（亩）	南 比例（%）	西南 面积（亩）	西南 比例（%）	西 面积（亩）	西 比例（%）	西北 面积（亩）	西北 比例（%）	合计 面积（亩）	合计 比例（%）
康定县	2 796	2.82	1 098	1.92	6 231	4.74	601	3.94	10 726	0.79
泸定县	11 866	11.97	8 010	14.04	9 138	6.95	2 604	17.05	31 618	2.34
丹巴县	17 062	17.22			2 712	2.06			19 774	1.46
九龙县					6 349	4.83			6 349	0.47
雅江县			1 508	2.64	11 780	8.96	1 360	8.91	14 648	1.09

表2-12（续）

县名	南		西南		西		西北		合计	
	面积（亩）	比例（%）	面积（亩）	比例（%）	面积（亩）	比例（%）	面积（亩）	比例（%）	面积（亩）	比例（%）
道孚县	556	0.56	396	0.69	11 521	8.76			12 473	0.92
炉霍县	8 972	9.05			927	0.71			9 899	0.73
甘孜县	20 578	20.76							20 578	1.52
新龙县			6 425	11.26			3 415	22.37	9 840	0.73
德格县			1 457	2.55	5 470	4.16			6 927	0.51
白玉县	6 613	6.67	12 824	22.48	60	0.05	2 856	18.70	22 353	1.66
石渠县										
色达县	184	0.19	1 252	2.19	270	0.21			1 706	0.13
理塘县	6 520	6.58	23 059	40.41	21 375	16.26	2 593	16.98	53 547	3.97
巴塘县	21 927	22.13	1 027	1.80	16 402	12.47	1 840	12.05	41 196	3.05
乡城县	1 344	1.36			14 161	10.77			15 505	1.15
稻城县	686	0.69			21 257	16.17			21 943	1.63
得荣县					3 830	2.91			3 830	0.28
合计	99 104	100	57 056	100	131 483	100	15 269	100	1 349 970	100

表 2-13　　　　甘孜州各土壤亚类不同坡向耕地面积统计

土壤亚类	平地		北		东北		东		东南	
	面积（亩）	比例（%）	面积（亩）	比例（%）	面积（亩）	比例（%）	面积（亩）	比例（%）	面积（亩）	比例（%）
暗褐土	178 693	28.31	3 768	6.08	6 051	20.37	89 326	33.71	12 446	21.04
暗棕壤	64 370	10.20	10 822	17.48	5 896	19.84	22 305	8.42	8 955	15.14
草甸土	2 121	0.34					134	0.05		
高山草甸土	31 200	4.94	2 962	4.78			11 820	4.46	27	0.05
高山灌丛草甸土	536	0.08					1 333	0.50		
高山寒漠土	1 955	0.31			891	3.00	261	0.10	201	0.34
高位泥炭土	5 808	0.92								
褐土										
褐土性土	1 931	0.31	705	1.14			3 364	1.27	891	1.51
黑色石灰土										

表2-13(续)

土壤亚类	平地 面积（亩）	比例（%）	北 面积（亩）	比例（%）	东北 面积（亩）	比例（%）	东 面积（亩）	比例（%）	东南 面积（亩）	比例（%）
黄褐土			240	0.39	277	0.93	3 275	1.24	1 997	3.38
黄棕壤	298	0.05	6 944	11.21			9 876	3.73		
灰化棕色针叶林土							560	0.21	2 776	4.69
淋溶褐土	2 112	0.33	2 700	4.36	531	1.79	7 365	2.78	3 753	6.34
石灰性褐土	18 007	2.85	3 151	5.09	4 381	14.74	27 761	10.48	1 537	2.60
亚高山草甸土	198 760	31.49	9 486	15.32	556	1.87	11 675	4.41	5 088	8.60
亚高山灌丛草甸土	51 969	8.23	1 687	2.72	2 523	8.49	7 538	2.84	475	0.80
燥褐土	3 454	0.55	229	0.37	1 715	5.77	16 783	6.33	6 367	10.76
沼泽土	11 671	1.85								
中性粗骨土	511	0.08	205	0.33			842	0.32		
棕壤	53 326	8.45	15 927	25.72	6 510	21.91	39 914	15.06	6 809	11.51
棕壤性土							2 076	0.78		
棕色石灰土			1 464	2.36			6 712	2.53		
棕色针叶林土	4 554	0.72	1 637	2.64	381	1.28	2 062	0.78	7 838	13.25
总计	631 277	100	61 927	100	29 712	100	264 979	100	59 158	100

表 2-14　甘孜州各土壤亚类不同坡向耕地面积统计（续）

土壤亚类	南 面积（亩）	比例（%）	西南 面积（亩）	比例（%）	西 面积（亩）	比例（%）	西北 面积（亩）	比例（%）	合计 面积（亩）	比例（%）
暗褐土	13 186	13.31	13 613	23.86	12 115	9.21	1 935	12.68	331 128	
暗棕壤	14 828	14.96	9 157	16.05	25 293	19.24	5 413	35.44	167 040	
草甸土									2 255	
高山草甸土	1 658	1.67	737	1.29	3 771	2.87			52 175	
高山灌丛草甸土	1 482	1.50	553	0.97	5 053	3.84			8 957	
高山寒漠土	1 821	1.84			358	0.27			5 487	
高位泥炭土			109	0.19					5 917	
褐土					1 571	1.19			1 571	
褐土性土	5 091	5.14	2 227	3.90	715	0.54			14 924	

表2-14(续)

土壤亚类	南		西南		西		西北		合计	
	面积（亩）	比例（%）	面积（亩）	比例（%）	面积（亩）	比例（%）	面积（亩）	比例（%）	面积（亩）	比例（%）
黑色石灰土			126	0.22					126	
黄褐土	1 804	1.82	4 176	7.32	3 913	2.98	1 049	6.87	16 731	
黄棕壤	9 177	9.26			602	0.46			26 897	
灰化棕色针叶林土	132	0.13			294	0.22			3 762	
淋溶褐土	2 333	2.35	596	1.04	6 979	5.31	1 273	8.33	27 642	
石灰性褐土	3 046	3.07	7 139	12.51	10 710	8.15	2 723	17.84	78 457	
亚高山草甸土	21 944	22.14	12 238	21.45	19 084	14.51	22	0.14	278 853	
亚高山灌丛草甸土	760	0.77	1 101	1.93	2 691	2.05	431	2.82	69 175	
燥褐土	6 493	6.55	1 477	2.59	4 674	3.55	1 010	6.61	42 202	
沼泽土									11 671	
中性粗骨土					2 334	1.78			3 892	
棕壤	10 975	11.07	3 807	6.67	25 875	19.68	959	6.28	164 102	
棕壤性土	24	0.02			221	0.17			2 321	
棕色石灰土	23	0.02			1 927	1.47			10 126	
棕色针叶林土	4 326	4.37			3 303	2.51	458	3.00	24 559	
总计	99 104	100	57 056	100	131 483	100	15 269	100	1 349 970	100

2.4.2.3 海拔

海拔高度也称绝对高度，就是某地与海平面的高度差，通常以平均海平面做标准来计算，表示地面某个地点高出海平面的垂直距离，其对高原、山区耕地地力等级有较大的影响。甘孜州此次耕地地力评价地块调查时主要涉及的海拔划分为<2 000米、2 000~2 500米、2 500~3 000米、3 000~3 500米和>3 500米共五个类型。其中以3 000~3 500米和>3 500米两种类型为主，共计947 233亩，占全州耕地面积的70.17%，这与甘孜州山地高原地貌也是很吻合的。

从各县不同海拔耕地面积统计状况（见表2-15）来看，海拔为<2 000米的耕地仅在康定县、泸定县、丹巴县、九龙县、稻城县和色达县5个县有分布。泸定县分布面积最大，为69 078亩，占该类型耕地的48.53%；稻城县和色达县最小，共有1 594亩，仅占1.12%。海拔为2 000~2 500米的耕地分布面积最小，在全州仅康定县、泸定县、丹巴县、新龙县、理塘县、巴塘县和稻城县7个县有分布，共有56 051亩，占全州耕地面积4.15%。其中康定县和丹

巴县分布面积最大，共计 33 762 亩，占该类型的 60.23%，分布面积最小的是稻城县，仅 1 316 亩，占该类型的 2.35%。海拔为 2 500~3 000 米的耕地除炉霍县、甘孜县、德格县、石渠县和色达县 5 个县外，其他 13 个县均有分布。分布面积大于 10 000 亩有九龙县、雅江县、道孚县、巴塘县、乡城县和德荣县，共有 183 343 亩，占该类型的 89.73%。其中道孚县、巴塘县和德荣县最多，面积均在 30 000 亩以上，共有 129 053 亩，占该类型的 63.16%。海拔为 3 000~3 500 米的耕地分布面积较大，除泸定县外其他 17 个县均有分布，共计 655 612 亩，占全州耕地面积的 48.56%。其中甘孜县最多，有 129 720 亩，占该类型的 19.79%；其次为康定县、雅江县、道孚县、炉霍县、新龙县、德格县、白玉县、石渠县、色达县和巴塘县，分布面积均大于 10 000 亩，共有 502 817 亩，占该类型的 76.69%；丹巴县分布面积最小，有 1 631 亩，占该类型的 0.25%。海拔>3 500 米的耕地除泸定县、丹巴县和得荣县外，其他县均有分布，有 291 621 亩，占全州耕地面积的 21.60%。分布面积较大的是康定县、雅江县、道孚县、甘孜县、理塘县和稻城县，面积均大于 10 000 亩，共计 264 176 亩，占该类型的 90.59%。其中甘孜县最大，有 71 280 亩，占 24.44%；其次为道孚县、理塘县和稻城县，共有 156 341 亩，占该类型的 53.61%。

各亚类海拔情况如表 2-16 所示，可知，海拔为<2 000 米的耕地在暗褐土、暗棕壤、草甸土、高山灌丛草甸土、褐土、褐土性土、黄褐土、黄棕壤、灰化棕色针叶林土、淋溶褐土、石灰性褐土、亚高山草甸土、亚高山灌丛草甸土、燥褐土、中性粗骨土、棕壤、棕壤性土和棕色针叶林土 18 个亚类均有分布。棕壤分布面积最大，为 45 499 亩，占该类型的 31.96%；其次为黄褐土、黄棕壤、燥褐土和棕色针叶林土 4 个土壤亚类，面积在 10 000~20 000 亩，共有 60 765 亩，占该类型的 42.69%；草甸土、高山灌丛草甸土和亚高山草甸土分布面积最小，均不足 700 亩。海拔为 2 000~2 500 米的耕地除草甸土、高山灌丛草甸土、高位泥炭土、褐土、黑色石灰土、灰化棕色针叶林土、沼泽土和棕壤性土外其他 16 个亚类均有分布，但分布面积较小，只有 56 051 亩，占全州耕地面积 4.15%。其中石灰性褐土和棕壤分布面积最大，共计 27 327 亩，占该类型 48.75%。海拔为 2 500~3 000 米的耕地除草甸土、高位泥炭土、褐土、黑色石灰土、黄褐土、灰化棕色针叶林土、沼泽土和棕壤性土 8 个亚类，其他 16 个亚类均有分布。分布面积较大的是暗褐土、暗棕壤、高山草甸土、石灰性褐土、燥褐土和棕壤 6 个亚类，面积均在 10 000 亩以上，共计 155 267 亩，占该类型的 75.99%。除褐土、黑色石灰土、黄褐土、灰化棕色针叶林和中性粗骨土 5 个亚类外，其他亚类在海拔为 2 500~3 000 米的范围均有分布，且分布面积最大，共计 655 612 亩，占全州耕地面积的 48.56%。暗褐土分布

面积最大，有 259 063 亩，占该类型的 39.51%；其次为亚高山草甸土，有 156 408 亩，占该类型的 23.86%；高山寒漠土、黄棕壤和棕壤性土分布面积最小，均不足 300 亩，共有 775 亩，仅占该类型的 0.12%。海拔>3 500 米的耕地除草甸土、高位泥炭土、褐土、褐土性土、黄褐土、黄棕壤、灰化棕色针叶林土和棕壤性土外均有分布，有 291 621 亩，占全州耕地面积的 21.60%。分布面积较大的是暗褐土、暗棕壤、高山草甸土、亚高山草甸土、亚高山灌丛草甸土和棕壤，面积均大于 10 000 亩，共计 255 863 亩，占该类型的 87.74%。其中亚高山草甸土面积最大，有 112 391 亩，占 38.54%；高山寒漠土、黑色石灰土、中性粗骨土和棕色石灰土分布面积最小，均不足 1 000 亩，共有 1 565 亩，仅占该类型的 0.54%。

2.4.2.3 常年降雨量

降雨量（以毫米为单位）是从天空降落到地面上的雨水，未经蒸发、渗透、流失而在水面上积聚的水层深度，它可以直观地表示降雨的多少，常年降雨量是多年的降雨总量的平均值，关系着土壤侵蚀程度，土壤养分的含量，土壤质量。通过调查，将甘孜州常年降雨量划分为 400～500 毫米、500～600 毫米、600～700 毫米、700～800 毫米和>800 毫米五个类型。由表 2-17 分析可知，甘孜州常年降雨量以 600～700 毫米分布面积最大，有 510 169 亩，占全州耕地面积的 37.79%。泸定县、丹巴县、炉霍县、甘孜县、新龙县、德格县、白玉县和理塘县 8 个县面积都在 10 000 亩以上，共计 500 547 亩，占该类型的 98.11%。其中甘孜县所占的面积最大，有 201 000 亩，占该类型的 39.40%；其次为炉霍县、新龙县和白玉县，面积都在 50 000 亩以上，共有 166 263 亩，占该类型的 32.59%；理塘县分布面积最小，仅有 3 924 亩，占该类型的 0.77%。降雨量为 700～800 毫米的耕地有 323 797 亩，占全州耕地面积的 23.99%。康定县面积最大，有 123 047 亩，占该类型的 38.00%；其次为九龙县、雅江县、炉霍县、理塘县和稻城县，面积在 10 000～60 000 亩，共计 189 962 亩，占该类型的 58.67%；分布面积较小的是泸定县，只有 3 551 亩，占该类型的 1.10%。降雨量为 500～600 毫米的耕地有 318 702 亩，占全州耕地面积的 23.61%。面积分布最大的是道孚县，有 115 470 亩，占该类型的 36.23%；其次为康定县、雅江县、德格县、白玉县、石渠县和巴塘县，面积在 10 000～90 000 亩，共有 194 015 亩，占该类型的 60.88%；新龙县和理塘县分布的面积最小，共有 970 亩，仅占该类型的 0.30%。降雨量为 400～500 毫米的耕地有 142 944 亩，占全州耕地面积的 10.59%，仅分布在白玉县、巴塘县、乡城县和得荣县。巴塘县和得荣县面积均在 50 000 亩以上，共有 106 309 亩，占该类型的 74.37%；白玉县面积最少，不足 2 000 亩。降雨量>800 毫米的耕地分布面积最小，有 54 358 亩，仅占全州耕地面积的 4.02%，仅在康定县、泸定县、九龙县和色达县 4 个县有分布，且 99.54% 分布于泸定县和九龙县。

从各亚类土壤不同常年降雨量情况（见表 2-18）来看，降雨量 600~700 毫米的耕地除高山灌丛草甸土、褐土、黑色石灰土、黄棕壤和棕色石灰土外其余亚类均有分布。面积最大是暗褐土，有 181 370 亩，占该类型的 35.55%；其次为亚高山草甸土，有 154 145 亩，占该类型的 30.21%；暗棕壤、高山草甸土、褐土性土、黄褐土、淋溶褐土、燥褐土、棕壤和棕色针叶林土面积在 10 000~40 000 亩，共有 136 860 亩，占该类型的 26.83%；棕壤性土分布面积最小，只有 106 亩，仅占该类型的 0.02%。降雨量 700~800 毫米的耕地除草甸土、高位泥炭土、褐土性土、灰化棕色针叶林土和棕壤性土外，其他亚类均有分布。面积最大的是棕壤，有 74 146 亩，占该类型的 22.90%；其次为暗褐土、暗棕壤、石灰性褐土、亚高山草甸土、亚高山灌丛草甸土和燥褐土，面积在 10 000~60 000 亩，共计 215 705 亩，占该类型的 66.62%；黑色石灰土分布面积最小，只有 126 亩，仅占该类型的 0.04%。降雨量 500~600 米的耕地除高山寒漠土、高位泥炭土、褐土、黑色石灰土、黄褐土、黄棕壤和灰化棕色针叶林土 7 个亚类中无分布外，在其余 17 个亚类中均有分布。面积最大的是暗褐土，有 122 312 亩，占该类型的 38.38%；其次为暗棕壤、高山草甸土、石灰性褐土、亚高山草甸土、亚高山灌丛草甸土和棕壤，面积在 10 000~65 000 亩，共计 178 208 亩，占该类型的 55.92%；草甸土、高山灌丛草甸土、中性粗骨土、棕壤性土和棕色石灰土分布面积最小，都不足 1 000 亩，共有 2 405 亩，占该类型的 0.75%。降雨量 400~500 毫米的区域主要为暗褐土、暗棕壤、高山草甸土、高山灌丛草甸土、高山寒漠土、淋溶褐土、石灰性褐土、亚高山草甸土、亚高山灌丛草甸土、燥褐土、棕壤、棕色石灰土和棕色针叶林土 13 个亚类。暗棕壤、石灰性褐土和棕壤分布面积最大，均在 25 000~30 000 亩，共有 82 393 亩，占该类型的 57.64%；其次为暗褐土、高山草甸土、淋溶褐土、燥褐土、棕色石灰土和棕色针叶林土，面积在 5 000~15 000 亩，共有 49 424 亩，占该类型的 34.58%；分布面积较小的是高山寒模土、亚高山草甸土、亚高山灌丛草甸土和中性粗骨土，面积都在 2 500 亩以下，特别是中性粗骨土，仅有几十亩。降雨量 >800 毫米分布面积最小，主要分布于暗褐土、暗棕壤、高山灌丛草甸土、黄褐土、黄棕壤、灰化棕色针叶林土、亚高山草甸土、亚高山灌丛草甸土、中性粗骨土、棕壤、棕壤性土和棕色针叶林土。黄棕壤和棕壤分布面积最大，共计 38 413 亩，占该类型的 70.67%；暗褐土、高山灌丛草甸土、灰化棕色针叶林土和中性粗骨土分布面积较小，均不足 1 000 亩，共有 2 789 亩，仅占该类型的 5.13%。

表 2-15

甘孜州各县不同海拔耕地面积统计

县名	<2000米 面积(亩)	<2000米 比例(%)	2000~2500米 面积(亩)	2000~2500米 比例(%)	2500~3000米 面积(亩)	2500~3000米 比例(%)	3000~3500米 面积(亩)	3000~3500米 比例(%)	>3500米 面积(亩)	>3500米 比例(%)	合计 面积(亩)	合计 比例(%)
康定县	21 638	15.20	22 416	39.99			77 072	11.76	18 974	6.51	140 100	10.38
泸定县	69 078	48.53	4 176	7.45	51	0.02					73 305	5.43
丹巴县	21 939	15.41	11 346	20.24	4 565	2.23	1 631	0.25			39 481	2.92
九龙县	28 101	19.74			15 029	7.36	5 974	0.91	7 776	2.67	56 880	4.21
雅江县					10 060	4.92	17 914	2.73	17 581	6.03	45 555	3.37
道孚县					31 882	15.60	24 410	3.72	59 177	20.29	115 469	8.55
炉霍县							64 947	9.91	3 513	1.20	68 460	5.07
甘孜县							129 720	19.79	71 280	24.44	201 000	14.89
新龙县			7 926	14.14	8 632	4.22	41 335	6.30	7 237	2.48	65 130	4.82
德格县							68 302	10.42	6 683	2.29	74 985	5.55
白玉县					1 880	0.92	81 847	12.48	63	0.02	83 790	6.21
石渠县							86 860	13.25	230	0.08	87 090	6.45
色达县	23	0.02					17 622	2.69	160	0.05	17 805	1.32
理塘县			2 169	3.87	1 755	0.86	4 907	0.75	55 474	19.02	64 305	4.76
巴塘县			6 702	11.96	44 480	21.77	22 118	3.37	290	0.10	73 590	5.45
乡城县					29 201	14.29	3 671	0.56	1 883	0.65	34 755	2.57
稻城县	1 571	1.10	1 316	2.35	4 110	2.01	2 883	0.44	41 690	14.30	51 570	3.82
得荣县					52 691	25.79	4 009	0.61			56 700	4.20
合计	142 350	100	56 051	100	204 336	100	655 612	100	292 011	100	1 349 970	100

表 2-16

甘孜州各土壤亚类不同海拔耕地面积统计

土壤亚类	<2 000 米		2 000~2 500 米		2 500~3 000 米		3 000~3 500 米		>3 500 米		合计	
	面积(亩)	比例(%)	面积(亩)	比例(%)	面积(亩)	比例(%)	面积(亩)	比例(%)	面积(亩)	比例(%)	面积(亩)	比例(%)
暗褐土	1 197	0.84	6 196	11.05	18 598	9.10	259 063	39.51	46 075	15.80	331 129	24.53
暗棕壤	2 863	2.01	5 076	9.06	34 142	16.71	72 452	11.05	52 507	18.01	167 040	12.37
草甸土	23	0.02					2 234	0.34			2 257	0.17
高山草甸土			76	0.14	10 035	4.91	25 467	3.88	16 598	5.69	52 176	3.86
高山灌丛草漠土	229	0.16			4 836	2.37	256	0.04	3 636	1.25	8 957	0.66
高山寒漠土			1 092	1.95	2 082	1.02	1 955	0.30	358	0.12	5 487	0.41
高位泥炭土							5 917	0.90			5 917	0.44
褐土	1 571	1.10									1 571	0.12
褐土性土	5 856	4.11	1 789	3.19	2 378	1.16	4 900	0.75			14 923	1.11
黑色石灰土									126	0.04	126	0.01
黄褐土	15 685	11.02	1 047	1.87							16 732	1.24
黄棕壤	19 053	13.38	602	1.07	6 944	3.40	298	0.05			26 897	1.99
灰化棕色针叶林土	3 763	2.64									3 763	0.28
淋溶褐土	9 864	6.93	5 302	9.46	8 486	4.15	2 846	0.43	1 144	0.39	27 642	2.05
石灰性褐土	3 636	2.55	14 098	25.15	36 156	17.69	15 935	2.43	8 630	2.96	78 455	5.81
亚高山草甸土	642	0.45	1 030	1.84	8 382	4.10	156 408	23.86	112 391	38.54	278 853	20.66
亚高山灌丛草甸土	1 529	1.07	352	0.63	2 073	1.01	43 466	6.63	21 756	7.46	69 176	5.12
沼泽土	15 270	10.73	3 930	7.01	15 253	7.46	3 967	0.61	3 781	1.30	42 201	3.13
中性草甸土							6 058	0.92	5 614	1.93	11 672	0.86
中性粗骨土	2 814	1.98	223	0.40	675	0.33			179	0.06	3 891	0.29
棕壤	45 499	31.96	13 229	23.60	41 083	20.11	47 757	7.28	16 536	5.67	164 104	12.16
棕壤性土	2 100	1.48					221	0.03			2 321	0.17
棕色石灰土			1 927	3.44	5 859	2.87	1 439	0.22	902	0.31	10 127	0.75
棕色针叶林土	10 757	7.56	82	0.15	7 353	3.06	4 977	0.76	1 384	0.47	24 553	1.82
总计	142 350	100	56 051	100	204 336	100	655 612	100	291 621	100	1 349 970	100

表 2-17

甘孜州各县常年不同降雨量耕地面积统计

县名	400~500米 面积(亩)	400~500米 比例(%)	500~600米 面积(亩)	500~600米 比例(%)	600~700米 面积(亩)	600~700米 比例(%)	700~800米 面积(亩)	700~800米 比例(%)	>800米 面积(亩)	>800米 比例(%)	合计 面积(亩)	合计 比例(%)
康定县			11 358	3.56	5 671	1.11	123 047	38.00	24	0.04	140 100	10.38
泸定县					43 748	8.58	3 551	1.10	26 006	47.84	73 305	5.43
丹巴县			1 631	0.51	37 849	7.42					39 480	2.92
九龙县							28 779	8.89	28 101	51.70	56 880	4.21
雅江县			10 206	3.20			35 349	10.92			45 555	3.37
道孚县			115 470	36.23							115 470	8.55
炉霍县			2 607	0.82	51 432	10.08	14 422	4.45			68 461	5.07
甘孜县					201 000	39.40					201 000	14.89
新龙县			430	0.13	57 463	11.26	7 237	2.24			65 130	4.82
德格县			40 874	12.83	34 111	6.69					74 985	5.55
白玉县	1 880	1.32	24 515	7.69	57 395	11.25					83 790	6.21
石渠县			87 090	27.33							87 090	6.45
色达县					17 576	3.45			227	0.42	17 803	1.32
理塘县			540	0.17	3 924	0.77	59 842	18.48			64 306	4.76
巴塘县	53 618	37.51	19 972	6.27							73 590	5.45
乡城县	34 755	24.31									34 755	2.57
稻城县							51 570	15.93			51 570	3.82
得荣县	52 691	36.86	4 009	1.26							56 700	4.20
合计	142 944	100	318 702	100	510 169	100	323 797	100	54 358	100	1 349 970	100

表2-18

甘孜州各土壤亚类常年不同降雨量耕地面积统计

土壤亚类	400~500米		500~600米		600~700米		700~800米		>800米		合计	
	面积（亩）	比例（%）	面积（亩）	比例（%）	面积（亩）	比例（%）	面积（亩）	比例（%）	面积（亩）	比例（%）	面积（亩）	比例（%）
暗褐土	6 432	4.50	122 312	38.38	181 370	35.55	20 786	6.42	229	0.42	331 129	24.53
暗棕壤	25 871	18.10	49 591	15.56	37 615	7.37	51 499	15.90	2 464	4.53	167 040	12.37
草甸土			134	0.04	2 121	0.42					2 255	0.17
高山草甸土	8 435	5.90	16 875	5.29	18 182	3.56	8 683	2.68			52 175	3.86
高山灌丛草甸土	4 836	3.38	793	0.25			3 099	0.96	229	0.42	8 957	0.66
高山寒漠土	2 082	1.46			2 846	0.56	559	0.17			5 487	0.41
高位泥炭土					5 917	1.16					5 917	0.44
褐土							1 571	0.49			1 571	0.12
褐土性土			4 900	1.54	10 023	1.96					14 923	1.11
黑色石灰土							126	0.04			126	0.01
黄褐土					10 425	2.04	1 047	0.32	5 260	9.68	16 732	1.24
黄棕壤							7 242	2.24	19 655	36.16	26 897	1.99
灰化棕色针叶林土					2 776	0.54			987	1.82	3 763	0.28
淋溶褐土	6 123	4.28	2 692	0.84	12 176	2.39	6 652	2.05			27 643	2.05
石灰性褐土	27 684	19.37	17 964	5.64	6 801	1.33	26 006	8.03			78 455	5.81
亚高山草甸土	1 717	1.20	63 334	19.87	154 145	30.21	59 017	18.23	642	1.18	278 855	20.66
亚高山灌丛草甸土	2 424	1.70	10 640	3.34	8 984	1.76	45 598	14.08	1 529	2.81	69 175	5.12
燥褐土	13 895	9.72	1 618	0.51	13 889	2.72	12 799	3.95			42 201	3.13
沼泽土			5 044	1.58	6 058	1.19	570	0.18			11 672	0.86
中性粗骨土	67	0.05	403	0.13	2 185	0.43	534	0.16	702	1.29	3 891	0.29
棕壤	28 838	20.17	19 804	6.21	22 556	4.42	74 146	22.90	18 758	34.51	164 102	12.16
棕壤性土			221	0.07	106	0.02			1 994	3.67	2 321	0.17
棕色石灰土	7 322	5.12	854	0.27			1 950	0.60			10 126	0.75
棕色针叶林土	7 217	5.05	1 523	0.48	11 994	2.35	1 911	0.59	1 912	3.52	24 557	1.82
总计	142 944	100	318 702	100	510 169	100	323 797	100	54 358	100	1 349 970	100

2.5 耕地土壤属性

2.5.1 基本情况

2.5.1.1 土壤质地

土壤的矿物质部分是由各种不同粒径的土壤矿物质颗粒所组成，在土壤中各种不同大小的矿物质颗粒即土粒的组合状况，称为土壤质地。土壤质地往往反映出土壤矿物风化程度的高低，土壤质地对土壤热、水、肥、气状况，以及耕性和土壤生产性能均有很大影响。按照卡庆斯基土壤质地分类标准进行分类统计，并结合第二次土壤普查中土壤机械分析测定结果，甘孜州土壤质地为砂土至轻粘的范围。其壤质土壤中又以中壤质地为主，占全州耕地面积的57.12%；其次为重壤，占全州耕地面积22.12%。轻壤和砂壤土壤各占全州耕地面积的15.69%和3.38%，轻粘和砂土分布最少，分别占全州耕地面积的0.95%和0.73%。中壤质地的土壤，粘、沙粒比例适宜，耕性好，易碎土，水汽通畅，施肥效益容易发挥，适种作物广，根系分布深，适于高产栽培，但保水保肥性能不及重壤质地土壤。特别是在甘孜州雨量的需求偏紧、分布不均、旱多于涝的情况下，重壤质土更为理想。重壤质土壤的利用，要注意防涝排渍，适期整地、碎土和田间操作，防止土壤过湿"整浆"，破坏土壤结构。合理施肥，其产量不亚于中壤质地土壤产量。沙壤质土壤，产量低而不稳，有待实施综合改良。

由于本次测土配方施肥取样分析过程中，甘孜州没有进行颗粒分析，而是取样时采用的手测质地，最后通过计算机采用以点带面的方法得到各种质地土壤的面积。同时，与第二次土壤普查时相比，耕地面积又有较大幅度的下降，因而纵向比较时各种质地土壤的面积和比例统计存在一定的差异。此次取土调查时仅将土壤质地划分为砂土、砂壤、轻壤、中壤、重壤和轻粘六个类型。从各县土壤质地情况（见表2-19）来看，砂土在整个州分布都较少，只在康定县、泸定县、丹巴县、九龙县、道孚县、新龙县、白玉县、稻城县和得荣县9个县有分布，共计9 379亩，只占全州耕地面积的0.69%。其中泸定县、新龙县和白玉县分布较多，共计6 780亩，占该类型的72.29%；丹巴县分布较小，仅73亩，占该类型的0.78%。除了泸定县、丹巴县和炉霍县外，其余15个县均有砂壤土分布，分布面积有52 176亩，占全州耕地面积的3.86%。其中面积较大的有道孚县、甘孜县、德格县和石渠县，面积均在5 000亩以上，共有25 409亩，占砂壤土面积的48.70%；其次为新龙县、色达县、巴塘县、乡城县、稻城县和得荣县，面积都在2 000~5 000亩，共有22 384亩，占砂壤土面积的 42.90%；面积最小的是白玉县，有 468 亩，占本类型的 0.90%。除甘孜县外，其余 17 个县均有轻壤分布，分布面积有 230 669 亩，占全州耕地面积的 17.09%。轻壤土面积在 10 000 亩以上的县有泸定县、丹巴县、九龙县、雅江县、道孚县、炉霍县、白玉县、理塘县、巴塘县和稻城县，共计 193 842 亩，占轻壤土面积的 84.03%；其次为新龙县、乡城县和得荣县，轻壤土面积均有 9 000 多亩，共有 28 723 亩，占轻壤土面积的 12.45%；石渠县分布面积最小，仅 134 亩，占本类型的 0.06%。全州 18 个县均有中壤分布，面积有 728 984 亩，占全州耕地面积的 54.00%。其中面积最大的是康定县，有 107 489 亩，占中壤土面积的 14.75%；其次为甘孜县，有 90 761 亩，占中壤土面积的 12.45%；面积最小的是色达县，只有 5 174 亩，占本类型 0.71%。除丹巴县和得荣县外，其余 16 个县均有重壤土分布，分布面积有 311 019 亩，占全州耕地面积的 23.04%。其中面积最大的是甘孜县，有 104 323 亩，占重壤土面积的 33.54%；其次为康定县、泸定县、道孚县、炉霍县、德格县、白玉县、理塘县和稻城县 8 个县，重壤土面积都在 10 000~45 000 亩，共有 181 653 亩，占重壤土面积的 58.41%；分布面积最小的是巴塘县，仅有 159 亩，占本类型的 0.05%。轻粘土只有康定县、炉霍县、色达县、理塘县、乡城县、稻城县和得荣县 7 个县有分布，分布面积有 17 743 亩，占全州耕地面积的 1.31%。其中面积最大的是炉霍县和得荣县，都在 5 000 亩以上，共有 12 256 亩，占本类型的 69.08%；分布面积最小的是理塘县，仅 127 亩，占本类型的 0.72%。

从不同亚类土壤质地状况（见表 2-20）来看，全州 24 个亚类，仅有高山寒漠土和中性粗骨土为砂土，分布面积分别为 5 488 亩和 3 891 亩，各占本类型的 58.51% 和 41.49%。砂壤只存在于高山草甸土，分布面积为 52 176 亩。暗棕壤、高山灌丛草甸土、黄棕壤和淋溶褐土为轻壤。面积最大的是暗棕壤，有 167 040 亩，占本类型的 72.46%；高山灌丛草甸土最小，有 8 957 亩，占本类型的 3.89%。暗褐土、草甸土、褐土性土、石灰性褐土、亚高山灌丛草甸土、燥褐土、棕壤、棕壤性土和棕色针叶林土 9 个亚类为中壤。其中暗褐土面积最大，有 331 129 亩，占中壤面积的 45.41%；其次为褐土性土、石灰性褐土、亚高山灌丛草甸土、燥褐土、棕壤和棕色针叶林土，分布面积均大于 10 000 亩，共计 393 416 亩，占本类型的 53.97%；草甸土和棕壤性土最少，共只有 4 576 亩，占本类型的 0.63%。重壤主要分布于黄褐土、灰化棕色针叶林土、亚高山草甸土和沼泽土。亚高山草甸土分布面积最大，有 278 854 亩，占本类型 89.66%；灰化棕色针叶林土分布面积最小，为 3 763 亩，占本类型 1.21%。高位泥炭土、褐土、黑色石灰土和棕色石灰土为轻粘土。其中棕色石灰土分布面积最大，为 10 126 亩，占本类型的 57.08%；黑色石灰土分布面积较小，仅 126 亩，占本类型的 0.71%。

表 2-19

甘孜州各县不同质地土壤耕地面积统计

县名	砂土 面积(亩)	砂土 比例(%)	砂壤 面积(亩)	砂壤 比例(%)	轻壤 面积(亩)	轻壤 比例(%)	中壤 面积(亩)	中壤 比例(%)	重壤 面积(亩)	重壤 比例(%)	轻粘 面积(亩)	轻粘 比例(%)	合计 面积(亩)	合计 比例(%)
康定县	530	5.65	749	1.44	3 748	1.62	107 489	14.75	25 656	8.25	1 927	10.86	140 099	10.38
泸定县	2 113	22.53			14 239	6.17	37 577	5.15	19 377	6.23			73 306	5.43
丹巴县	73	0.78			10 718	4.65	28 689	3.94	1 759	0.57			39 480	2.92
九龙县	906	9.66	1 229	2.36	25 304	10.97	27 681	3.80	2 004	0.64			56 879	4.21
雅江县			939	1.80	14 093	6.11	28 520	3.91	2 004	0.64			45 556	3.37
道孚县	403	4.30	6 979	13.38	30 855	13.38	35 153	4.82	42 080	13.53			115 470	8.55
炉霍县			5 916	11.34	18 673	8.10	30 217	4.15	13 932	4.48	5 638	31.78	68 460	5.07
甘孜县			5 916	11.34			90 761	12.45	104 323	33.54			201 000	14.89
新龙县	2 846	30.34	3 472	6.65	9 623	4.17	46 244	6.34	2 945	0.95			65 130	4.82
德格县			6 149	11.79	3 727	1.62	43 938	6.03	21 171	6.81			74 985	5.55
白玉县	1 821	19.42	468	0.90	24 078	10.44	35 425	4.86	21 998	7.07			83 790	6.21
石渠县			6 365	12.20	134	0.06	71 640	9.83	8 951	2.88			87 090	6.45
色达县			4 349	8.34	495	0.21	5 174	0.71	7 508	2.41	279	1.57	17 805	1.32
理塘县			998	1.91	22 470	9.74	22 250	3.05	18 460	5.94	127	0.72	64 305	4.76
巴塘县			4 878	9.35	21 853	9.47	46 699	6.41	159	0.05			73 589	5.45
乡城县			2 619	5.02	9 218	4.00	19 642	2.69	1 717	0.55	1 559	8.79	34 755	2.57
稻城县	358	3.82	4 987	9.56	11 559	5.01	14 092	1.93	18 979	6.10	1 595	8.99	51 570	3.82
得荣县	329	3.51	2 079	3.98	9 882	4.28	37 793	5.18			6 618	37.30	56 701	4.20
合计	9 379	100	52 176	100	230 669	100	728 984	100	311 019	100	17 743	100	1 349 970	100

表 2-20

甘孜州各亚类土壤不同土壤质地耕地面积统计

土壤亚类	砂土 面积（亩）	砂土 比例（%）	砂壤 面积（亩）	砂壤 比例（%）	轻壤 面积（亩）	轻壤 比例（%）	中壤 面积（亩）	中壤 比例（%）	重壤 面积（亩）	重壤 比例（%）	轻粘 面积（亩）	轻粘 比例（%）	合计 面积（亩）	合计 比例（%）
暗褐土							331 129	45.41					331 129	24.53
暗棕壤					167 040	72.46							167 040	12.37
草甸土							2 255	0.31					2 255	0.17
高山草甸土			52 176	100									52 176	3.86
高山灌丛草漠土					8 957	3.89							8 957	0.66
高山寒漠土	5 488	58.51											5 488	0.41
高位泥炭土											5 916	33.35	5 916	0.44
褐土											1 571	8.86	1 571	0.12
褐土性土							14 923	2.05					14 923	1.11
黑色石灰土											126	0.71	126	0.01
黄褐土									16 731	5.38			16 731	1.24
黄棕壤					26 897	11.67							26 897	1.99
灰化棕色针叶林土									3 763	1.21			3 763	0.28
淋溶褐土					27 642	11.99							27 642	2.05
石灰性褐土							78 456	10.76					78 456	5.81
亚高山草甸土									278 854	89.66			278 854	20.66
亚高山灌丛草甸土							69 176	9.49					69 176	5.12
燥褐土							42 202	5.79					42 202	3.13
沼泽土									11 671	3.75			11 671	0.86
中性粗骨土	3 891	41.49											3 891	0.29
棕壤							164 103	22.51					164 103	12.16
棕壤性土							2 321	0.32					2 321	0.17
棕色石灰土											10 126	57.08	10 126	0.75
棕色针叶林土							24 556	3.37					24 556	1.82
总计	9 379	100	52 176	100	230 669	100	728 984	100	311 019	100	17 743	100	1 349 970	100

2.5.2　土壤理化性状及变化情况

甘孜州耕地基本以旱地为主，水田面积分布极少。表 2-21 统计了甘孜州旱地土壤理化性状及变化情况，由表分析可知，甘孜州旱地土壤 pH 值介于 4.9~8.5，属于强酸性至碱性土壤，中值为 7.7；有机质含量较高，平均值为 44.2 克/千克，介于 20.5~76.8 克/千克，其中最大值是最小值的 2.16 倍；全氮含量平均值为 2.52 克/千克，介于 0.96~8.31 克/千克，其中最大值是最小值的 8.66 倍；碱解氮含量平均值为 184 毫克/千克，介于 111~184 毫克/千克，其中最大值是最小值的 1.66 倍；有效磷含量平均值为 19.4 毫克/千克，介于 3.0~54.0 毫克/千克，其中最大值是最小值的 18 倍；速效钾含量平均值为 174 毫克/千克，介于 55~517 毫克/千克，其中最大值是最小值的 9.40 倍。

表 2-22 统计了甘孜州旱地土壤不同亚类理化性状及变化情况，由表中分析可知，在 24 个亚类土壤中，酸性最强的是黄棕壤，其 pH 值中值为 5.5，碱性最强的是高位泥炭土，其 pH 值中值为 8.2；有机质含量最低的是黄褐土，其含量为 32.9 克/千克，含量最高的是褐土，其含量为 65.5 克/千克；全氮含量最低的是黄褐土，其含量为 1.56 克/千克，含量最高的是褐土，其含量为 5.53 克/千克；碱解氮含量最低的是沼泽土，其含量为 157 毫克/千克，含量最高的是褐土，其含量为 244 毫克/千克；有效磷含量最低的是草甸土，其含量为 8.5 毫克/千克，含量最高的是黄棕壤，其含量为 46.3 毫克/千克；速效钾含量最低的是黄棕壤，其含量为 67 毫克/千克，含量最高的是黑色石灰土，其含量为 301 毫克/千克。

表 2-21　　　　　甘孜州旱地土壤理化性状及变化情况

项目	平均值（中值）	最大值	最小值
pH 值	7.7	8.5	4.9
有机质（克/千克）	44.2	76.8	20.5
全氮（克/千克）	2.52	8.31	0.96
碱解氮（毫克/千克）	184	290	111
有效磷（毫克/千克）	19.4	54.0	3.0
速效钾（毫克/千克）	174	517	55

表 2-22　　　　甘孜州旱地土壤不同亚类理化性状及变化情况

土壤亚类	pH 值	有机质 （克/千克）	全氮 （克/千克）	碱解氮 （毫克/千克）	有效磷 （毫克/千克）	速效钾 （毫克/千克）
暗褐土	7.4	42.5	2.93	187	19.1	218
暗棕壤	7.2	47.0	2.75	197	20.8	190
草甸土	8.1	33.9	2.69	173	8.5	225
高山草甸土	7.3	47.0	2.69	186	19.4	178
高山灌丛草甸土	6.8	53.1	2.91	225	20.9	167
高山寒漠土	8.2	50.4	3.12	222	15.8	180
高位泥炭土	8.2	39.6	2.37	167	9.2	156
褐土	8.0	65.5	5.53	244	26.0	128
褐土性土	7.9	49.0	2.50	170	14.0	186
黑色石灰土	6.5	35.0	2.74	231	29.0	301
黄褐土	5.9	32.9	1.56	175	38.5	113
黄棕壤	5.0	42.5	2.11	205	46.3	67
灰化棕色针叶林土	5.5	37.6	1.84	198	42.7	93
淋溶褐土	7.3	47.0	2.35	180	20.6	152
石灰性褐土	7.6	49.2	2.66	204	20.3	190
亚高山草甸土	7.0	44.0	2.77	177	21.6	167
亚高山灌丛草甸土	6.3	40.6	2.24	185	23.0	177
燥褐土	7.5	42.8	2.42	172	21.6	175
沼泽土	6.8	43.7	2.10	157	11.5	136
中性粗骨土	7.6	47.7	2.37	181	20.3	154
棕壤	6.7	44.9	2.43	192	30.3	169
棕壤性土	7.8	59.6	2.49	174	13.5	175
棕色石灰土	7.2	56.5	3.24	206	19.2	162
棕色针叶林土	7.3	45.5	2.55	194	25.6	163

2.5.2.1 有机质和 pH 值

2.5.2.1.1 有机质

土壤有机质是植物养分的重要源泉，对土壤的理化、生物学特性影响极大，是土壤肥力的重要指标之一，对作物发育起着多种多样的作用。土壤有机质含量的多少，主要取决于有机物料的投入量和矿化速度。农业土壤有机质来源主要是残留的根系、微生物和施肥补给。由于地形条件、耕作制度、社会经济条件的差别，土壤中有机质分配悬殊。比如，高坡亚类作物耕种粗放，施肥不足，农家肥投入少，土壤有机质含量低；有的地区燃料、饲料较缺，或"三料"安排不合理，均会影响有机质的投入，这些地区耕地有机质含量较低。有机质（包括腐殖质）的矿化速度，与水、气、热的作用强度有关。气候温暖，水气协调，微生物活力旺，矿化较快；水多气少，温度低，或水不足，矿化则慢。有机质矿化不良，多属有障碍性环境的土壤，如冷浸田。有机质并非越多越好，在一定的矿化条件下保持一定的水平即可。

经过30多年的农田改造措施，甘孜州主要农耕地（旱地）土壤有机质基本上处于丰富和很丰富的水平，有机质很丰富的旱地面积有 604 316 亩，占主要农耕地总面积的 44.77%，涉及全州除石渠县外的其他 17 个县主要农耕地的 22 个亚类土壤。丰富水平的旱地有 611 006 亩，占主要农耕地总面积的 45.26%，涉及全州 13 个县以及主要农耕地的 22 个亚类土壤。有机质含量为中等水平的旱地面积有 134 648 亩，仅占主要农耕地面积的 9.97%，涉及全州 8 个县主要农耕地 13 个亚类土壤。虽然大部分土壤有机质含量处于丰富及以上水平，但由于甘孜州大部分土壤质地偏轻，土壤通气条件良好，有机质矿质化作用明显。因此，农业生产中不可忽视有机肥的施用。

从不同县的差异来看（见表2-23），土壤有机质含量为中等水平（20~30克/千克）的耕地主要分布在泸定县、雅江县、炉霍县、甘孜县、德格县和理塘县，共有 124 830 亩，占该等级的 92.71%。其中甘孜县面积最大，有 42 139 亩，占 31.30%；其次为雅江县和理塘县，面积都在 20 000~25 000 亩，共有 46 561 亩，占该等级的 34.58%。土壤有机质含量为丰富水平（30~40克/千克）的耕地主要分布在康定县、炉霍县、甘孜县和石渠县，各县面积都在 50 000 万亩以上，共有 379 707 亩，占该等级的 62.14%；其次为泸定县、九龙县、雅江县、新龙县、德格县、白玉县、色达县和理塘县，面积在 13 000~50 000 亩，共有 225 952 亩，占该等级的 36.98%；丹巴县最少，只有 5 375

亩，仅占该等级的0.88%。有机质含量为很丰富水平（>40克/千克）的旱地，全州除石渠县外的其他17个县均有分布。其中道孚县面积最大，有115 475亩，占该等级的19.11%；其次为康定县、丹巴县、九龙县、新龙县、白玉县、巴塘县、乡城县、稻城县和得荣县，面积都在30 000~75 000亩，共有402 598亩，占有机质含量为丰富水平耕地面积的66.62%；雅江县、炉霍县和色达县面积最小，面积均在10 000亩以下，共有11 575亩，仅占该等级的1.92%。

从耕地土壤不同亚类有机质含量的统计分析结果可以看出（见表2-24），有机质含量为中等水平（20~30克/千克）的亚类有暗褐土、暗棕壤、高山草甸土、高山灌丛草甸土、高位泥炭土、黄褐土、淋溶褐土、石灰性褐土、亚高山草甸土、亚高山灌丛草甸土、燥褐土、棕壤和棕色针叶林土。其中暗褐土、暗棕壤、黄褐土、亚高山草甸土和棕壤，面积均大于5 000亩，共有117 901亩，占该等级的87.56%；高山草甸土、高山灌丛草甸土、淋溶褐土和棕色针叶林土面积均不足1 000亩，共有2 197亩，仅占该等级面积的1.63%。除了褐土和棕色石灰土外其他22个亚类均分布有有机质含量为丰富水平（30~40克/千克）的耕地。其中暗褐土和亚高山草甸土面积最大，均有150 000亩以上，共有364 927亩，占该等级的59.73%；其次为暗棕壤、高山草甸土、石灰性褐土、亚高山灌丛草甸、燥褐土、棕壤和棕色针叶林土，面积都在10 000亩以上，共有213 092亩，占该等级的34.88%；黑色石灰土分布面积较小，有126亩，占该等级的0.02%。除草甸土和黑色石灰土外，其他22个亚类均分布有有机质含量均于很丰富的水平（>40克/千克）的耕地。其中暗棕壤面积最大，有103 819亩，占该等级的17.08%，其次为暗褐土、石灰性褐土、亚高山草甸土和棕壤，面积都在50 000~100 000亩，共有311 689亩，占该等级的51.58%；高山草甸土、褐土性土、黄棕壤、淋溶褐土、亚高山灌丛草甸土、燥褐土、棕色石灰土和棕色针叶林土面积都在10 000~30 000亩，共有165 587亩，占该等级的27.40%；灰化棕色针叶林分布面积最小，仅132亩，占该等级的0.02%。

表 2-23　　　　甘孜州各县土壤有机质分级耕地面积统计

县名	中等（20~30克/千克）		丰富（30~40克/千克）		很丰富（>40克/千克）		合计	
	面积（亩）	比例（%）	面积（亩）	比例（%）	面积（亩）	比例（%）	面积（亩）	比例（%）
康定县	2 748	2.04	99 372	16.26	37 980	6.28	140 100	10.38
泸定县	13 371	9.93	38 278	6.26	21 655	3.58	73 304	5.43
丹巴县			5 357	0.88	34 123	5.65	39 480	2.92
九龙县			17 288	2.83	39 592	6.55	56 880	4.21
雅江县	24 946	18.53	13 775	2.25	6 833	1.13	45 554	3.37
道孚县					115 475	19.11	115 475	8.55
炉霍县	12 669	9.41	54 697	8.95	1 094	0.18	68 460	5.07
甘孜县	42 139	31.30	138 548	22.68	20 313	3.36	201 000	14.89
新龙县			26 443	4.33	38 687	6.40	65 130	4.82
德格县	10 090	7.49	46 988	7.69	17 906	2.96	74 984	5.55
白玉县	7 070	5.25	41 118	6.73	35 602	5.89	83 790	6.21
石渠县			87 090	14.25			87 090	6.45
色达县			14 157	2.32	3 648	0.60	17 805	1.32
理塘县	21 615	16.05	27 895	4.57	14 794	2.45	64 304	4.76
巴塘县					73 590	12.18	73 590	5.45
乡城县					34 755	5.75	34 755	2.57
稻城县					51 570	8.53	51 570	3.82
得荣县					56 699	9.38	56 699	4.20
合计	134 648	100	611 006	100	604 316	100	1 349 970	100

表 2-24　　　　　甘孜州土壤亚类有机质分级耕地面积统计

土壤亚类	中等(20~30克/千克)		丰富(30~40克/千克)		很丰富(>40克/千克)		合计	
	面积(亩)	比例(%)	面积(亩)	比例(%)	面积(亩)	比例(%)	面积(亩)	比例(%)
暗褐土	46 202	34.31	207 524	33.96	77 403	12.81	331 129	24.53
暗棕壤	16 558	12.30	46 663	7.64	103 819	17.18	167 040	12.37
草甸土			2 121	0.35			2 121	0.16
高山草甸土	160	0.12	24 523	4.01	27 493	4.55	52 176	3.86
高山灌丛草甸土	501	0.37	229	0.04	8 227	1.36	8 957	0.66
高山寒漠土			1 821	0.30	3 667	0.61	5 488	0.41
高位泥炭土	4 238	3.15	1 400	0.23	279	0.05	5 917	0.44
褐土					1 571	0.26	1 571	0.12
褐土性土			452	0.07	14 471	2.39	14 923	1.11
黑色石灰土			126	0.02			126	0.01
黄褐土	8 357	6.21	6 570	1.08	1 804	0.30	16 731	1.24
黄棕壤			298	0.05	26 599	4.40	26 897	1.99
灰化棕色针叶林土			3 631	0.59	132	0.02	3 763	0.28
淋溶褐土	875	0.65	5 862	0.96	20 906	3.46	27 642	2.05
石灰性褐土	4 640	3.45	14 602	2.39	59 214	9.80	78 456	5.81
亚高山草甸土	30 572	22.71	157 403	25.76	90 878	15.04	278 854	20.66
亚高山灌丛草甸土	2 719	2.02	40 408	6.61	26 048	4.31	69 176	5.12
燥褐土	2 953	2.19	10 140	1.66	29 109	4.82	42 202	3.13
沼泽土			6 058	0.99	5 614	0.93	11 671	0.86
中性粗骨土			2 291	0.37	1 600	0.26	3 891	0.29
棕壤	16 212	12.04	63 697	10.42	84 194	13.93	164 103	12.16
棕壤性土			1 994	0.33	327	0.05	2 321	0.17
棕色石灰土					10 126	1.68	10 126	0.75
棕色针叶林土	661	0.49	13 052	2.137	10 835	1.79	24 556	1.82
总计	134 648	100	611 006	100	604 316	100	1 349 970	100

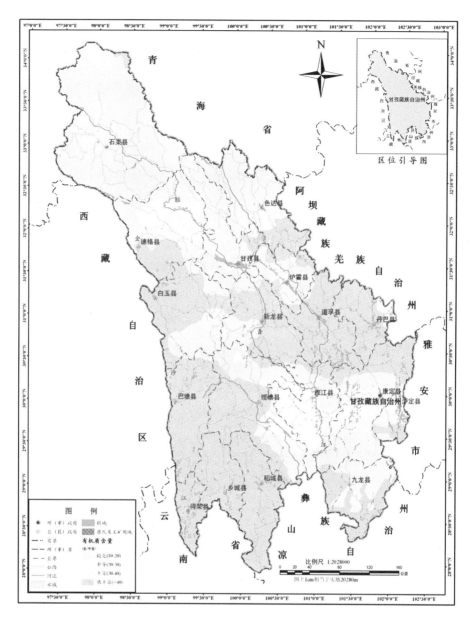

图 2-10　甘孜藏族自治州土壤有机质含量分布图

2.5.2.1.2　pH 值

酸碱度（pH）是土壤重要的基本性质，是影响土壤肥力的重要因素之一。它不仅直接影响土壤养分的存在状态，而且影响土壤养分的转化和有效性。本次测土配方施肥中土样分析结果表明，甘孜州旱地土壤酸碱性主要有强酸性

（pH<5.5）、微酸性（5.5~6.5）、中性（6.5~7.5）和碱性（7.5~8.5）四个类型。其中强酸性土壤的分布面积最小，有 55 017 亩，占全州耕地面积的4.08%；微酸性土壤分布面积有 251 522 亩，占全州耕地面积的 18.63%；中性土壤的分布面积有 211 038 亩，占全州耕地面积的 15.63%；碱性土壤的分布面积最大，有 820 820 亩，占全州耕地面积的 60.80%。不同酸碱度（pH）的耕地土壤面积在各县和各亚类分布情况如表 2-25、表 2-26 所示。

由表 2-25 分析可知，强酸性土壤（pH<5.5），只分布在康定县、泸定县和九龙县。其中泸定县分布面积最大，有 29 420 亩，占了该类型的 53.48%。微酸性土壤（5.5~6.5）主要分布在康定县、泸定县、九龙县、雅江县、理塘县和稻城县。其中康定县分布面积最大，有 93 642 亩，占该等级的 37.23%；其次为泸定县、九龙县和稻城县，面积都在 30 000 亩以上，共有 75 823 亩，占该等级的 30.15%；道孚县面积最小，只有 2 793 亩，仅占该等级的 1.11%。除了甘孜县、德格县、白玉县、石渠县、色达县和巴塘县外，中性土壤（6.5~7.5）在其他 12 个县均有分布。其中道孚县面积最大，有 80 333 亩，占该等级面积的 38.07%；其次为雅江县、炉霍县、理塘县、乡城县和稻城县，面积都在 10 000~40 000 亩，共有 111 086 亩，占该等级面积的 52.64%；九龙县和得荣县分布面积最小，均不足 1 000 亩，共有 1 741 亩，仅占该等级面积的0.82%。碱性土壤（7.5~8.5）除泸定和九龙县外其他各县均有分布。其中甘孜县面积最大，有 201 000 亩，占该等级面积的 24.49%；其次为炉霍县、新龙县、德格县、白玉县、石渠县、巴塘县和得荣县，面积均在 50 000 亩以上，共有 480 418 亩，占该等级面积的 58.53%；雅江县、理塘县和稻城县面积最小，均在 4 000 亩以下，共有 8 174 亩，占等级面积的 1.00%；其余各县面积都在 10 000~40 000 亩，共有 131 190 亩，占该等级面积的 15.98%。

由表 2-26 分析可知，强酸性土壤（pH<5.5）主要分布在暗棕壤、黄褐土、黄棕壤、灰化棕色针叶林土、亚高山草甸土、亚高山灌丛草甸土、棕壤、棕壤性土和棕色针叶林土。其中黄棕壤和棕壤分布面积最大，共计 35 483 亩，占该等级面积的 64.49%。棕壤最多，占 36.80%；其次为黄棕壤，占 27.69%。微酸性土壤（5.5~6.5）主要分布在暗褐土、暗棕壤、高山草甸土、高山灌丛草甸土、黄褐土、黄棕壤、灰化棕色针叶林土、淋溶褐土、石灰性褐土、亚高山草甸土、亚高山灌丛草甸土、燥褐土、沼泽土、中性粗骨土、棕壤和棕色针叶林土。其中分布面积大于 10 000 亩的有暗棕壤、黄褐土、黄棕壤、亚高山草甸土、亚高山灌丛草甸土、燥褐土和棕壤，共有 217 802 亩，占该等级面积的 86.59%。棕壤最多，占 25.80%；其次为亚高山草甸土和亚高山灌丛草甸

土，分别占 17.06% 和 18.70%。中性土壤（6.5~7.5）除草甸土、高位泥炭土、褐土、黑色石灰土、黄褐土、黄棕壤、灰化棕色针叶林土和棕壤性土外，在其余 16 个亚类中均有分布。其中暗棕壤、亚高山草甸土和棕壤面积最大，均在 30 000 亩以上，共有 131 173 亩，占该等级面积的 62.16%；其次为暗褐土、高山草甸土和石灰性褐土，面积都在 10 000~21 000 亩，共有 49 379 亩，占本类型的 23.40%。除黑色石灰土、黄褐土、黄棕壤和灰化棕色针叶林土外，碱性土壤（7.5~8.5）在其余 20 个亚类中均有分布。其中分布面积大于 10 000 亩的有暗褐土、暗棕壤、高山草甸土、褐土性土、淋溶褐土、石灰性褐土、亚高山草甸土、亚高山灌丛草甸土、燥褐土和棕壤，共有 776 373 亩，占本类型的 94.59%。暗褐土和亚高山草甸土最多，分别占 36.17% 和 22.00%；其次为暗棕壤和石灰性褐土，分别占 10.27% 和 7.33%；草甸土、高山灌丛草甸土、高山寒漠土、褐土、中性褐骨土和棕壤性土面积最小，均不足 5 000 亩，共有 14 156 亩，仅占该等级面积的 1.72%。

表 2-25　　　　　　甘孜州各县酸碱度分级耕地面积统计

县名	强酸性 (<5.5)		微酸性 (5.5~6.5)		中性 (6.5~7.5)		碱性 (7.5~8.5)		合计	
	面积 (亩)	比例 (%)	面积 (亩)	比例 (%)	面积 (亩)	比例 (%)	面积 (亩)	比例 (%)	面积 (亩)	比例 (%)
康定县	6 139	11.16	93 642	37.23	6 680	3.17	33 639	4.10	140 100	10.38
泸定县	29 420	53.48	41 531	16.51	2 354	1.12			73 305	5.43
丹巴县					3 516	1.67	35 964	4.38	39 480	2.92
九龙县	19 458	35.37	36 485	14.51	937	0.44			56 880	4.21
雅江县			24 928	9.91	19 869	9.42	758	0.09	45 555	3.37
道孚县			2 793	1.11	80 333	38.07	32 344	3.94	115 470	8.55
炉霍县					11 584	5.49	56 876	6.93	68 460	5.07
甘孜县							201 000	24.49	201 000	14.89
新龙县					5 328	2.52	57 329	6.98	62 657	4.82
德格县							65 884	8.03	65 884	5.55
白玉县							83 790	10.21	83 790	6.21
石渠县							87 090	10.61	87 090	6.45
色达县							17 805	2.17	17 805	1.32
理塘县			21 496	8.55	39 137	18.54	3 672	0.45	64 305	4.76
巴塘县							73 590	8.97	73 590	5.45
乡城县					23 317	11.05	11 438	1.39	34 755	2.57
稻城县			30 647	12.18	17 179	8.14	3 744	0.46	51 570	3.82

表2-25(续)

县名	强酸性 (<5.5)		微酸性 (5.5~6.5)		中性 (6.5~7.5)		碱性 (7.5~8.5)		合计	
	面积 (亩)	比例 (%)	面积 (亩)	比例 (%)	面积 (亩)	比例 (%)	面积 (亩)	比例 (%)	面积 (亩)	比例 (%)
得荣县					804	0.38	55 896	6.81	56 700	4.20
合计	55 017	100	251 522	100	211 038	100	820 820	100	1 349 970	100

表2-26　　甘孜州土壤亚类酸碱度分级耕地面积统计

土壤亚类	强酸性 (<5.5)		微酸性 (5.5~6.5)		中性 (6.5~7.5)		碱性 (7.5~8.5)		合计	
	面积 (亩)	比例 (%)	面积 (亩)	比例 (%)	面积 (亩)	比例 (%)	面积 (亩)	比例 (%)	面积 (亩)	比例 (%)
暗褐土			3 117	1.24	20 853	9.88	296 880	36.17	331 129	24.53
暗棕壤	1 812	3.29	29 703	11.81	50 141	23.76	84 327	10.27	167 040	12.37
草甸土							2 121	0.26	2 121	0.16
高山草甸土			3 468	1.38	13 630	6.46	35 078	4.27	52 176	3.86
高山灌丛草甸土	229	0.42	1 542	0.61	2 350	1.11	4 836	0.59	8 957	0.66
高山寒漠土					358	0.17	4 891	0.60	5 488	0.41
高位泥炭土							5 917	0.72	5 917	0.44
褐土							1 571	0.19	1 571	0.12
褐土性土					1 177	0.56	13 747	1.67	14 923	1.11
黑色石灰土			126	0.05					126	0.01
黄褐土	5 260	9.56	11 471	4.56					16 731	1.24
黄棕壤	15 234	27.69	11 663	4.64					26 897	1.99
灰化棕色针叶林土	1 879	3.42	1 883	0.75					3 763	0.28
淋溶褐土			2 462	0.98	9 690	4.59	15 490	0.89	27 642	2.05
石灰性褐土			3 388	1.35	14 896	7.06	60 172	7.33	78 456	5.81
亚高山草甸土	4 891	8.89	42 911	17.06	50 492	23.93	180 560	22.00	278 854	20.66
亚高山灌丛草甸土	1 548	2.81	47 033	18.70	6 246	2.96	14 349	1.75	69 176	5.12
燥褐土			10 131	4.03	4 723	2.24	27 348	3.33	42 202	3.13
沼泽土			4 856	1.93	758	0.36	6 058	0.74	11 671	0.86
中性粗骨土			3 198	1.27	284	0.13	410	0.05	3 891	0.29
棕壤	20 249	36.80	64 892	25.80	30 540	14.47	48 422	5.90	164 103	12.16
棕壤性土	1 994	3.62					327	0.04	2 321	0.17
棕色石灰土					1 582	0.75	8 544	1.04	10 126	0.75
棕色针叶林土	1 922	3.49	9 678	3.85	3 317	1.57	9 639	1.17	24 556	1.82
总计	55 017	100	251 522	100	211 038	100	820 820	100	1 349 970	100

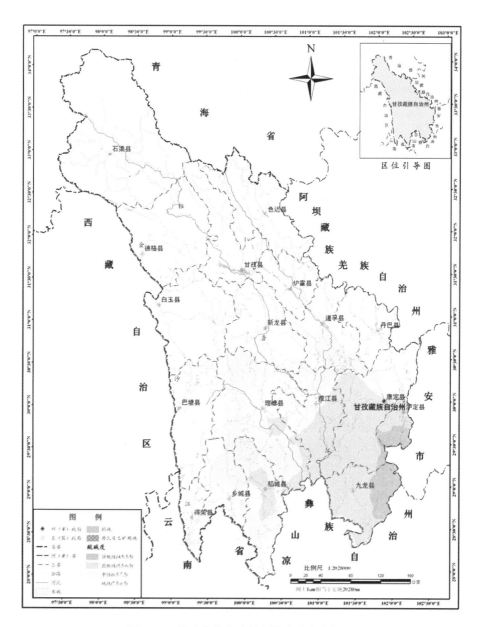

图 2-11　甘孜藏族自治州土壤酸碱度分级图

2.5.2.2　大量元素 N、P、K

2.5.2.2.1　土壤全氮

氮素是植物的主要养料，土壤含氮量的多少是衡量土壤肥力的重要标志之一。全氮可反映出土壤中氮素的总贮量及存在状态。土壤全氮含量对作物的产量具有重要影响，故了解土壤全氮的含量不但可以在施肥时参考，还可以判断土壤肥力的高低。本次测土配方施肥中土样分析结果将全氮划分为缺乏、中等、丰富和很丰富4个等级。缺乏水平（0.75~1.0克/千克），分布面积最小，共有251亩，仅占全州耕地面积的0.018%；中等水平（1.0~1.5克/千克），共21 129亩，占全州耕地面积的1.56%；丰富水平（1.5~2.0克/千克），共287 408亩，占全州耕地面积的21.29%；很丰富水平（>2.0克/千克），分布面积最大，共计1 041 182亩，占全州耕地面积的77.13%。

从表2-27可看出，仅泸定县分布有少量的全氮含量处于缺乏水平（0.75~1.0克/千克）的耕地土壤，分布面积仅为251亩。只有康定县和泸定县2个县分布有全氮含量处于中等水平（1.0~1.5克/千克）的耕地土壤，分布面积也较小。其中泸定县分布面积为19 875亩，占该等级的94.07%。除丹巴县、道孚县、白玉县、巴塘县、乡城县和得荣县外，其余12个县均分布有全氮含量处于丰富水平（1.5~2.0克/千克）的耕地土壤。其中康定县、石渠县分布面积最大，均在60 000亩以上，共有153 414亩，占该等级面积的53.38%；其次为泸定县、九龙县、雅江县和德格县，分布面积在20 000~40 000亩，共有119 191亩，占该等级面积的41.47%；甘孜县和新龙县分布面积最小，均不足600亩，分别占该等级面积的0.19%和0.20%。除石渠外其他17个县均含有全氮含量处于很丰富（>2.0克/千克）的耕地土壤，且每个县的分布面积都大于10 000亩。甘孜县分布面积最大，为200 442亩，占该等级面积的19.25%；其次为道孚县，有115 470亩，占该等级面积的11.09%；面积在50 000~100 000亩的县有康定县、炉霍县、新龙县、白玉县、理塘县、巴塘县和得荣县，共有477 493亩，占该等级面积的45.86%；分布面积最小的是雅江县和色达县，共有31 031亩，仅占该等级面积的2.98%。

从土壤亚类情况（见表2-28）来看，土壤全氮含量处于缺乏水平（0.75~1.0克/千克）的只有棕壤，分布面积仅为251亩。全州仅暗棕壤、高山草甸土、黄褐土、淋溶褐土、亚高山草甸土、亚高山灌丛草甸土、燥褐土、中性粗骨土、棕壤和棕色针叶林土10个亚类土壤有全氮含量处于中等水平（1.0~1.5克/千克）的耕地。其中黄褐土和棕壤面积最大，均在5 000亩以上，共有14 364亩，占该等级面积的67.98%；其次为亚高山灌丛草甸土、燥褐土和中性粗骨土，面积在1 000~2 500亩，共有5 179亩，占该等级面积的24.51%。除草甸土、高山灌丛草甸土、高山寒漠土、褐土、褐土性土、黑色石灰土和棕色石灰土7个亚类，其他17个亚类土壤均有全氮含量处于丰富水平（1.5~2.0克/千克）的耕地。其中暗褐土、亚高山草甸土和棕壤分布面积较大，均在 40 000 亩以上，共计 194 411 亩，占该等级面积的 67.64%；暗褐土面积最大，占丰富等级面积的 32.31%；其次为暗棕壤、高山草甸土和亚高山灌丛草甸土，面积在 10 000~30 000 亩，共有 52 325 亩，占该等级面积的 18.21%；高位泥炭土、灰化棕色针叶林土、淋溶褐土、燥褐土、沼泽土、中性粗骨土和棕壤性土分布面积较小，均不足 5 000 亩，共有 14 148 亩，仅占该等级面积的 4.92%。全氮含量处于很丰富水平（>2.0 克/千克）的耕地在全州 24 个亚类土壤均有分布。其中暗褐土和亚高山草甸土面积最大，均有 230 000 多亩，共占该等级面积的 45.68%；其次为暗棕壤、石灰性褐土和棕壤，面积都在 50 000 亩以上，共有 323 239 亩，占该等级面积的 31.05%；高山草甸土、褐土性土、黄棕壤、淋溶褐土、亚高山灌丛草甸土、燥褐土、棕色石灰土和棕色针叶林土分布面积都在 10 000~45 000 亩，共有 204 911 亩，占该等级面积的 19.68%；草甸土、高位泥炭土、褐土、黑色石灰土、黄褐土、灰化棕色针叶林土、中性粗骨土和棕壤性土分布面积较小，均不足 5 000 亩，共有 13 432 亩，占该等级面积的 1.29%。

表 2-27　　　　　　甘孜州各县全氮分级耕地面积统计

县	缺乏（0.75~1.0 克/千克）		中等（1.0~1.5 克/千克）		丰富（1.5~2.0 克/千克）		很丰富（>2.0 克/千克）		合计	
	面积（亩）	比例（%）	面积（亩）	比例（%）	面积（亩）	比例（%）	面积（亩）	比例（%）	面积（亩）	比例（%）
康定县			1 254	5.93	66 324	23.08	72 522	6.97	140 100	10.38
泸定县	251	100	19 875	94.07	30 890	10.75	22 289	2.14	73 305	5.43
丹巴县							39 480	3.79	39 480	2.92
九龙县					20 690	7.20	36 190	3.48	56 880	4.21
雅江县					30 242	10.52	15 313	1.47	45 555	3.37
道孚县							115 470	11.09	115 470	8.55
炉霍县					3 703	1.29	64 757	6.22	68 460	5.07
甘孜县					558	0.19	200 442	19.25	201 000	14.89
新龙县					571	0.20	64 559	6.20	65 130	4.82
德格县					37 369	13.00	37 616	3.61	74 985	5.55
白玉县							83 790	8.05	83 790	6.21
石渠县					87 090	30.30			87 090	6.45
色达县					2 087	0.73	15 718	1.51	17 805	1.32
理塘县					2 730	0.95	61 575	5.91	64 305	4.76
巴塘县							73 590	7.07	73 590	5.45
乡城县							34 755	3.34	34 755	2.57
稻城县					5 154	1.79	46 416	4.46	51 570	3.82

表2-27（续）

县	缺乏（0.75~1.0克/千克）		中等（1.0~1.5克/千克）		丰富（1.5~2.0克/千克）		很丰富（>2.0克/千克）		合计	
	面积（亩）	比例（%）	面积（亩）	比例（%）	面积（亩）	比例（%）	面积（亩）	比例（%）	面积（亩）	比例（%）
得荣县							56 700	5.45	56 700	4.20
合计	251	100	21 129	100	287 408	100	1 041 182	100	1 349 970	100

表 2-28　　　甘孜州土壤亚类全氮分级耕地面积统计

土壤亚类	缺乏(0.75~1.0克/千克)		中等(1~1.5克/千克)		丰富(1.5~2.0克/千克)		很丰富(>2.0克/千克)		合计	
	面积（亩）	比例（%）	面积（亩）	比例（%）	面积（亩）	比例（%）	面积（亩）	比例（%）	面积（亩）	比例（%）
暗褐土					92 851	32.31	238 278	22.89	331 129	24.53
暗棕壤			287	1.36	14 695	5.11	152 058	14.60	167 040	12.37
草甸土							2 121	0.20	2 121	0.16
高山草甸土			31	0.14	11 567	4.02	40 578	3.90	52 176	3.86
高山灌丛草甸土							8 957	0.86	8 957	0.66
高山寒漠土							5 488	0.53	5 488	0.41
高位泥炭土					1 154	0.40	4 763	0.46	5 917	0.44
褐土							1 571	0.15	1 571	0.12
褐土性土							14 923	1.43	14 923	1.11
黑色石灰土							126	0.01	126	0.01
黄褐土			8 381	39.67	6 564	2.28	1 786	0.17	16 731	1.24
黄棕壤					6 897	2.40	20 000	1.92	26 897	1.99
灰化棕色针叶林土					2 933	1.02	830	0.08	3 763	0.28
淋溶褐土			600	2.84	3 097	1.08	23 945	2.30	27 642	2.05
石灰性褐土					5 129	1.78	73 326	7.04	78 456	5.81
亚高山草甸土			56	0.27	41 546	14.46	237 251	22.79	278 854	20.66
亚高山灌丛草甸土			1 051	4.98	26 063	9.07	42 061	4.04	69 176	5.12
燥褐土			2 015	9.54	3 013	1.05	37 133	3.57	42 202	3.13
沼泽土					2 087	0.73	9 584	0.92	11 671	0.86
中性粗骨土			2 113	10.00	163	0.06	1 615	0.16	3 891	0.29
棕壤	251	100	5 983	28.32	60 014	20.88	97 855	9.40	164 103	12.16
棕壤性土					1 701	0.59	620	0.06	2 321	0.17
棕色石灰土							10 126	0.97	10 126	0.75
棕色针叶林土			612	2.89	7 799	2.71	16 145	1.55	24 556	1.82
总计	251	100	21 129	100	287 408	100	1 041 182	100	1 349 970	100

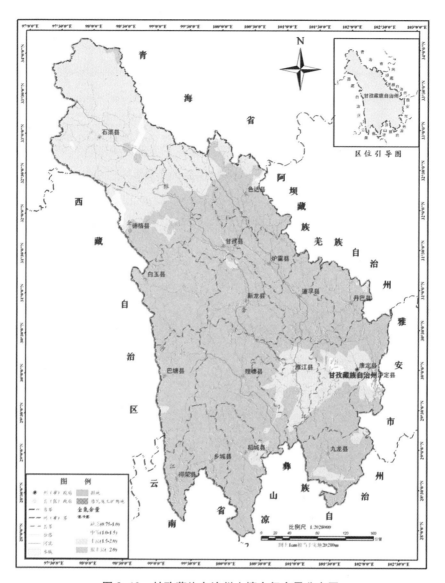

图 2-12 甘孜藏族自治州土壤全氮含量分布图

2.5.2.2.2 土壤碱解氮

土壤中的氮素大多为有机态，其必须转化成有效态氮才能被植物吸收利用。碱解氮也称有效性氮，它包括速效性氮（铵态氮、硝态氮）、氨基酸态氮、酰铵态氮和易水解的蛋白质氮等，碱解氮含量的高低，可大致反映出近期内土壤中碱解氮素的真实水平，也与作物生长好坏有着一定的相关性。本次测土配方施肥中土样分析结果表明，甘孜州旱地土壤碱解氮分级主要有中等

（90～120 毫克/千克）、丰富（120～150 毫克/千克）和很丰富（>150 毫克/千克）三个等级。中等含量（90～120 毫克/千克）等级分布面积最小，只有 36 831 亩，占全州耕地面积的 2.73%；丰富含量（120～150 毫克/千克）等级分布面积较大，有 289 730 亩，占全州耕地面积的 21.46%；很丰富含量（>150 毫克/千克）等级分布面积最大，有 1 023 409 亩，占全州耕地面积的 75.81%。不同碱解氮含量等级耕地面积在各县和各亚类分布情况如表 2-29、表 2-30 所示。由表 2-29 分析可知，土壤碱解氮含量为中等（90～120 毫克/千克）水平的耕地仅在泸定县、甘孜县和德格县 3 个县有分布。其中甘孜县分布面积最大，有 29 229 亩，占该等级的 79.36%；泸定县分布面积最小，为 251 亩，占该等级的 0.68%。除巴塘县、稻城县、康定县、理塘县和乡城县，土壤碱解氮含量为丰富（120～150 毫克/千克）水平的耕地分布在泸定县、丹巴县、道孚县、炉霍县、甘孜县、新龙县、德格县、白玉县和色达县。其中分布面积最大的是甘孜县，有 150 031 亩，占该等级面积的 51.78%；其次为道孚县、炉霍县、德格县和白玉县，面积都在 10 000～41 000 亩，共有 116 753 亩，占该等级面积的 40.30%，占全州面积的 8.65%；其余 3 个县共有 20 726 亩，仅占该等级面积的 7.15%。土壤碱解氮含量为很丰富（>150 毫克/千克）水平的耕地在全州 18 个县均有分布，且在每个县分布的面积都大于 10 000 亩。其中康定县和道孚县的分布面积最大，均在 100 000 亩以上，共计 241 913 亩，占该等级面积的 23.64%，占全州耕地面积的 17.92%；其次为泸定县、九龙县、新龙县、石渠县、理塘县、巴塘县、稻城县和得荣县，面积都在 50 000～90 000 亩，共计 517 878 亩，占该等级面积的 50.60%，占全州耕地面积的 38.36%；丹巴县、雅江县、炉霍县、甘孜县、德格县、白玉县、色达县和乡城县 8 个县面积都在 10 000～50 000 亩，共有 263 619 亩，占该等级面积的 25.76%，占全州耕地面积的 19.53%。

由表 2-30 分析可知，碱解氮含量为中等（90～120 毫克/千克）水平的土壤仅在暗褐土、暗棕壤、高山草甸土、亚高山草甸土和棕壤中有分布。其中亚高山草甸土分布面积最大，有 20 297 亩，占该等级面积的 55.11%；其次为暗褐土，有 15 950 亩，占该等级面积的 43.31%；其余 3 个亚类面积都很小，均不足 300 亩。土壤碱解氮含量为丰富（120～150 毫克/千克）水平的除草甸土、高山寒漠土、褐土、黑色石灰土、黄棕壤、灰化棕色针叶林土、中性粗骨土、棕壤性土和棕色石灰土外，其他 15 个亚类均有分布。其中暗褐土和亚高山草甸土分布面积最大，均大于 100 000 亩，共有 222 016 亩，占该等级面积的 76.63%，占全州耕地面积的 16.45%；其次为暗棕壤和高山草甸土，面积在

15 000~25 000 亩，共有 39 346 亩，占该等级面积的 50.41%；其余各亚类土壤面积均不足 5 000 亩，共有 28 368 亩，仅占该等级面积的 9.79%。土壤碱解氮含量为很丰富（>150 毫克/千克）水平的耕地在 24 个亚类中均有分布。分布面积大于 100 000 亩的有暗褐土、暗棕壤、亚高山草甸土和棕壤，共有 655 323 亩，占该等级面积的 64.03%，占全州耕地面积的 48.54%；基次为石灰性褐土和亚高山灌丛草甸土，面积在 50 000 亩以上，共有 143 581 亩，占该等级面积的 14.03%，占全州耕地面积的 10.64%；高山草甸土、褐土性土、黄褐土、黄棕壤、淋溶褐土、燥褐土、棕色石灰土和棕色针叶林土面积在 10 000~40 000 亩，共有 185 654 亩，占该等级面积的 18.14%，占全州耕地面积的 13.75%；其余 10 个亚类分布面积较小，共有 38 851 亩，仅占该等级面积的 3.80%，占全州耕地面积的 2.88%。

表 2-29　　　　　　　　甘孜州各县碱解氮分级耕地面积统计

县	中等(90~120 毫克/千克)		丰富(120~150 毫克/千克)		很丰富(>150 毫克/千克)		合计	
	面积（亩）	比例（%）	面积（亩）	比例（%）	面积（亩）	比例（%）	面积（亩）	比例（%）
康定县					140 100	13.69	140 100	10.38
泸定县	251	0.68	8 222	2.84	64 832	6.33	73 305	5.43
丹巴县			6 068	2.09	33 412	3.26	39 480	2.92
九龙县					56 880	5.56	56 880	4.21
雅江县					45 555	4.45	45 555	3.37
道孚县			13 657	4.71	101 813	9.95	115 470	8.55
炉霍县			33 216	11.46	35 244	3.44	68 460	5.07
甘孜县	29 229	79.36	150 031	51.78	21 740	2.12	201 000	14.89
新龙县			2 219	0.77	62 911	6.15	65 130	4.82
德格县	7 351	19.96	29 483	10.18	38 151	3.73	74 985	5.55
白玉县			40 397	13.94	43 393	4.24	83 790	6.21
石渠县					87 090	8.51	87 090	6.45
色达县			6 436	2.22	11 369	1.11	17 805	1.32
理塘县					64 305	6.28	64 305	4.76
巴塘县					73 590	7.19	73 590	5.45
乡城县					34 755	3.40	34 755	2.57
稻城县					51 570	5.04	51 570	3.82
得荣县					56 700	5.54	56 700	4.20
合计	36 831	100	289 730	100	1 023 409	100	1 349 970	100

表 2-30　　　　　　甘孜州土壤亚类碱解氮分级耕地面积统计

土壤亚类	中等(90~120毫克/千克)		丰富(120~150毫克/千克)		很丰富(>150毫克/千克)		合计	
	面积(亩)	比例(%)	面积(亩)	比例(%)	面积(亩)	比例(%)	面积(亩)	比例(%)
暗褐土	15 950	43.31	107 592	37.14	207 587	20.28	331 129	24.53
暗棕壤	174	0.47	22 224	7.67	144 641	14.13	167 040	12.37
草甸土					2 121	0.21	2 121	0.16
高山草甸土	160	0.43	17 122	5.91	34 895	3.41	52 176	3.86
高山灌丛草甸土			536	0.19	8 421	0.82	8 957	0.66
高山寒漠土					5 488	0.54	5 488	0.41
高位泥炭土			4 484	1.55	1 432	0.14	5 917	0.44
褐土					1 571	0.15	1 571	0.12
褐土性土			319	0.11	14 605	1.43	14 923	1.11
黑色石灰土					126	0.01	126	0.01
黄褐土			3 403	1.17	13 328	1.30	16 731	1.24
黄棕壤					26 897	2.63	26 897	1.99
灰化棕色针叶林土					3 763	0.37	3 763	0.28
淋溶褐土			1 135	0.39	26 508	2.59	27 642	2.05
石灰性褐土			118	0.04	78 338	7.65	78 456	5.81
亚高山草甸土	20 297	55.11	114 424	39.49	144 133	14.08	278 854	20.66
亚高山灌丛草甸土			3 932	1.36	65 243	6.38	69 176	5.12
燥褐土			4 394	1.52	37 807	3.69	42 202	3.13
沼泽土			2 087	0.72	9 584	0.94	11 671	0.86
中性粗骨土					3 891	0.38	3 891	0.29
棕壤	251	0.68	4 890	1.69	158 962	15.53	164 103	12.16
棕壤性土					2 321	0.23	2 321	0.17
棕色石灰土					10 126	0.99	10 126	0.75
棕色针叶林土			3 069	1.06	21 487	2.10	24 556	1.82
总计	36 831	100	289 730	100	1 023 409	100	1 349 970	100

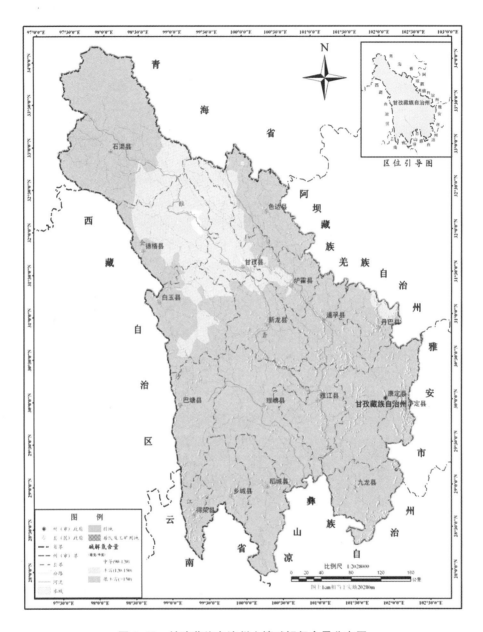

图 2-13　甘孜藏族自治州土壤碱解氮含量分布图

2.5.2.2.3 土壤有效磷

磷是植物生长发育必需的大量营养元素之一。在植物的生长发育过程中，它不仅是植物体内核蛋白、核苷酸、核酸、磷脂、ATP 酶等多种有机化合物的组成成分，而且还直接参与植物体内光合磷酸化和碳同化等许多重要的生理生化代谢过程。因此，磷对植物正常生长发育和代谢过程具有重要的影响，对粮食安全乃至整个土壤—植物—动物生态系统的平衡都起着至关重要的作用。土壤中有效磷含量的高低，则反映着土壤中能被当季作物吸收利用磷素的多少。在第二次土壤普查前十年左右，土壤施磷已成为普遍的增产措施。随着氮肥的增加，对各种作物施用磷肥都有较好的效果。花生、棉花、小麦、玉米、水稻等作物，亩施过磷酸钙 40~80 斤，可提高产量 12%~20%。有效磷在 10 毫克/千克以下的土壤，增产幅度较大。磷素的有效性低，磷肥的后效期短，是石灰性土壤的共同特点。增施磷肥纵有立竿见影的效果，但磷肥资源有限，况且，本州磷肥售价较高，投资较大，故从长计议，实行秸秆还田，改善土壤结构和微生物活动状态，活化土壤中的磷元素，促进碳、氮循环关系，才是增加土壤有效磷的可行之举，值得提倡。

本次测土配方施肥分析结果表明，甘孜州土壤有效磷含量已无极缺等级，全州土壤有效磷含量可划分为很缺（3~5 毫克/千克）、缺乏（5~10 毫克/千克）、中等（10~20 毫克/千克）、丰富（20~40 毫克/千克）和很丰富（>40 毫克/千克）五个等级。其中很缺水平分布较少，面积为 6 251 亩，仅占全州耕地面积的 0.46%；缺乏、中等和丰富等级分布面积最大，分别有 454 477 亩、407 829 亩和 445 380 亩，分别占全州耕地面积的 33.67%、30.21% 和32.99%；很丰富水平等级所占面积较小，有 36 034 亩，仅占全州耕地面积的2.67%。通过施肥调查表明，耕地土壤有效磷含量大面积增加的主要原因是改革开放以来，特别是近 20 年来，农业生产中大量施用化学磷肥。

从各县耕地土壤有效磷含量统计结果（见表 2-31）来看，只有炉霍县、甘孜县和德格县 3 个县分布了有效磷含量处于很缺水平（3~5 毫克/千克）的耕地土壤。其中德格县分布面积最大，有 4 230 亩，占该等级面积的 67.67%；甘孜县分布面积最小，有 214 亩，仅占该等级面积的 3.42%。耕地土壤有效磷含量处于缺乏水平（5~10 毫克/千克）的除泸定县、九龙县、雅江县、理塘县、巴塘县、乡城县和得荣县外，其他 11 个县均有分布。其中甘孜县最多，有 179 723 亩，占该等级面积的 39.55%，占全州耕地土壤面积的 13.31%；其次为炉霍县、德格县、白玉县和石渠县，面积都在 35 000~90 000 亩，共有231 523 亩，占该等级面积的 50.94%，占全州耕地土壤面积的 17.15%；道孚县、新龙县和色达县分布面积在 10 000~15 000 亩，共计 37 469 亩，占该等级面积的 8.24%；康定县、丹巴县和稻城县分布面积都较小，共有 5 762 亩，仅占该等级面积的 1.27%。除泸定县和石渠县外，其余 16 个县均分布有有效磷含量处于中等水平（10~20 毫克/千克）的耕地土壤。其中道孚县和巴塘县面积最大，均在 50 000 亩以上，共有 149 528 亩，占该等级面积的 36.66%，占全州耕地面积的 11.08%；其次为康定县、丹巴县、炉霍县、甘孜县、新龙县、白玉县、乡城县、稻城县和德荣县，面积都大于 10 000 亩，共计 241 841 亩，占该等级面积的 59.30%，占全州面积的 17.91%；九龙县、雅江县、德格县、色达县和理塘县分布面积较小，共有 16 460 亩，仅占该等级面积的 4.04%。除丹巴县、甘孜县、德格县、石渠县和色达县外其余 13 个县均分布有有效磷含量处于丰富水平（20~40 毫克/千克）的耕地土壤。其中康定县、九龙县和理塘县面积最大，均在 50 000 亩以上，共有 209 721 亩，占该等级面积的 47.09%，占全州面积的 15.54%；其次为泸定县、雅江县、新龙县、白玉县、巴塘县、乡城县、稻城县和得荣县，面积在 10 000~50 000 亩，共计 228 386 亩，占该等级面积的 51.28%，占全州面积的 16.92%；道孚县和炉霍县分布面积最小，共有 7 273 亩，仅占该等级面积的 1.63%。全州仅泸定县和理塘县分布有土壤有效磷含量处于很丰富水平（>40 毫克/千克）的耕地。泸定县分布面积最大，有 34 007 亩，占该等级面积的 94.37%，占全州耕地面积的 2.52%；理塘县分布面积有 2 027 亩，仅占该等级面积的 5.63%。

从土壤亚类情况（见表 2-32）来看，土壤有效磷含量处于很缺水平（3~5 毫克/千克）的耕地仅在暗褐土和亚高山草甸土有分布，分别占该等级面积的 40.65% 和 59.35%。土壤有效磷含量处于缺乏水平（5~10 毫克/千克）的耕地除高山灌丛草甸土、高山寒漠土、褐土、黑色石灰土、黄褐土、黄棕壤、灰化棕色针叶林土、中性粗骨土、棕壤性土和棕色石灰土，其他 14 个亚类均有分布。分布面积大于 10 000 亩的有暗褐土、暗棕壤、高山草甸土和亚高山草甸土，共计有 421 952 亩，占该等级面积的 92.84%，占全州耕地面积的 31.26%。其中暗褐土面积最大，有 220 000 多亩，占该等级面积 48.50%；其次为亚高山草甸土，有 150 000 多亩，占该等级面积的 33.18%；草甸土、褐土性土、淋溶褐土、石灰性褐土、燥褐土、棕壤和棕色针叶林土分布面积都较小，均不足 4 000 亩，共有 11 589 亩，仅占该等级面积的 2.55%。除草甸土、褐土、黑色石灰土、黄褐土、黄棕壤和灰化棕色针叶林土外，其他 18 个亚类均分布有有效磷含量处于中等水平（10~20 毫克/千克）的耕地土壤。暗褐土、暗棕壤、高山草甸土、褐土性土、淋溶褐土、石灰性褐土、亚高山草甸土、亚高山灌丛草甸土、燥褐土和棕壤面积都大于 10 000 亩，共计 383 784 亩，占该等级面积的 94.10%，占全州耕地面积的 28.43%。其中暗褐土、暗棕壤和亚高山草甸土分布面积最大，均在 60 000 亩以上，共有 219 550 亩，占该等级面积的 53.83%，占全州耕地面积的 16.26%；其次为石灰性褐土和棕壤，二者面积在 35 000~50 000 亩，分别占 8.90% 和 11.76%，高山草甸土、褐土性土、淋溶褐土、亚高山草甸土和燥褐土面积均在 10 000~20 000 亩，共有 79 986 亩，占该等级面积的 19.61%；其余 8 个亚类分布面积都较小，均不足 7 000 亩，共只有 24 045 亩，仅占该等级的 5.90%。除草甸土、高位泥炭土和沼泽土外，其他 21 个亚类均分布有有效磷含量处于丰富水平（20~40 毫克/千克）的耕地土壤。其中暗棕壤、黄褐土、黄棕壤、石灰性褐土、亚高山草甸土、亚高山灌丛草甸土、燥褐土、棕壤和棕色针叶林土面积大于 10 000 亩，共计 377 695 亩，占该等级面积的 84.80%，占全州耕地面积的 27.98%；暗棕壤和棕壤面积最大，都在 70 000 亩以上，共有 172 359 亩，占该等级面积的 38.70%，占全州耕地面积的 12.77%；其次为石灰性褐土、亚高山草甸土和亚高山灌丛草甸土，面积均在 40 000~50 000 亩，共有 133 520 亩，占该等级面积的 29.98%，占全州耕地面积的 9.89%；黄褐土、黄棕壤、燥褐土和茶棕色针叶林土面积均在 10 000~30 000 亩，共有 71 816 亩，占该等级面积的 16.12%；其余 12 个亚类分布面积都不大，共有 38 846 亩，仅占该等级面积的 8.72%。仅暗棕壤、高山草甸土、黄褐土、黄棕壤、灰化棕色针叶林土、亚高山草甸土、中性粗骨土、棕壤和棕色针叶林土分布有有效磷含量处于很丰富水平（>40 毫克/千克）的耕地土壤。黄褐土、黄棕壤和棕壤分布面积均大于 5 000 亩，共计 27 459 亩，占该等级面积的 76.20%。其中棕壤面积最大，有 13 500 多亩，占该等级面积的 37.54%；其次为黄棕壤和黄褐土，有 8 700 多亩和 5 100 多亩，分别占该等级面积的 24.24% 和 14.43%；高山草甸土是分布面积较小的亚类，只有 722 亩，占该等级面积的 2.00%。

表2-31

甘孜州各县有效磷分级耕地面积统计

县名	很缺(3~5毫克/千克)		缺乏(5~10毫克/千克)		中等(10~20毫克/千克)		丰富(20~40毫克/千克)		很丰富(>40毫克/千克)		合计	
	面积(亩)	比例(%)	面积(亩)	比例(%)	面积(亩)	比例(%)	面积(亩)	比例(%)	面积(亩)	比例(%)	面积(亩)	比例(%)
康定县			1 820	0.40	45 326	11.11	92 954	20.87			140 100	10.38
泸定县			2 998	0.66	36 482	8.95	39 298	8.82	34 007	94.37	73 305	5.43
丹巴县					1 191	0.29	55 689	12.50			39 480	2.92
九龙县					3 210	0.79	42 345	9.51			56 880	4.21
雅江县							5 988	1.34			45 555	3.37
道孚县			10 705	2.36	98 777	24.22	1 285	0.29			115 470	8.55
炉霍县	1 807	28.91	36 301	7.99	29 067	7.13					68 460	5.07
甘孜县	214	3.43	179 723	39.55	21 063	5.16					201 000	14.89
新龙县			12 910	2.84	29 741	7.29	22 479	5.05			65 130	4.82
德格县	4 230	67.66	63 848	14.05	6 908	1.69					74 986	5.55
白玉县			44 284	9.74	19 054	4.67	20 452	4.59			83 790	6.21
石渠县			87 090	19.16							87 090	6.45
色达县			13 854	3.05	3 951	0.97					17 805	1.32
理塘县					1 200	0.29	61 078	13.71			64 305	4.76
巴塘县					50 751	12.44	22 839	5.13	2 027	5.63	73 590	5.45
乡城县					22 327	5.47	12 428	2.79			34 755	2.57
稻城县			944	0.21	28 162	6.91	22 464	5.04			51 570	3.82
得荣县					10 619	2.60	46 081	10.35			56 700	4.20
合计	6 251	100	454 477	100	407 829	100	445 380	100	36 034	100	1 349 970	100

耕地地力评价报告——以甘孜藏族自治州为例

表2-32

甘孜州各土壤亚类有效磷分级耕地面积统计

土壤亚类	很缺（3~5毫克/千克）		缺乏（5~10毫克/千克）		中等（10~20毫克/千克）		丰富（20~40毫克/千克）		很丰富（>40毫克/千克）		合计	
	面积（亩）	比例（%）	面积（亩）	比例（%）	面积（亩）	比例（%）	面积（亩）	比例（%）	面积（亩）	比例（%）	面积（亩）	比例（%）
暗褐土	2 541	40.65	220 406	48.50	76 139	18.67	32 043	7.19			331 129	24.53
暗棕壤			26 714	5.88	68 636	16.83	70 287	15.78	1 403	3.89	167 040	12.37
草甸土			2 121	0.47							2 121	0.16
高山草甸土			24 044	5.29	17 895	4.39	9 516	2.14	722	2.00	52 176	3.86
高山灌丛草甸土					6 808	1.67	2 149	0.48			8 957	0.66
高山寒漠土					4 597	1.13	891	0.20			5 488	0.41
高位泥炭土			5 638	1.24	279	0.07					5 917	0.44
褐土							1 571	0.35			1 571	0.12
褐土性土			1 800	0.40	12 233	3.00	891	0.20			14 923	1.11
黑色石灰土							126	0.03			126	0.01
黄褐土							11 533	2.59	5 198	14.43	16 731	1.24
黄棕壤							18 162	4.08	8 735	24.24	26 897	1.99
灰化棕色针叶林土							2 818	0.63	945	2.62	3 763	0.28
淋溶褐土			2 030	0.45	19 159	4.70	6 453	1.45			27 642	2.05
石灰性褐土			603	0.13	36 288	8.90	41 564	9.33			78 456	5.81
亚高山草甸土	3 710	59.35	150 788	33.18	74 775	18.33	48 276	10.84	1 305	3.62	278 854	20.66
亚高山灌丛草甸土			9 108	2.00	16 388	4.02	43 680	9.81			69 176	5.12
燥褐土			608	0.13	14 311	3.51	27 282	6.13			42 202	3.13
沼泽土			6 058	1.33	5 614	1.38					11 672	0.86
中性粗骨土					626	0.15	1 152	0.26	2 113	5.86	3 891	0.29
棕壤			546	0.12	47 960	11.76	102 072	22.92	13 526	37.54	164 103	12.16
棕壤性土					327	0.08	1 994	0.45			2 321	0.17
棕色石灰土					2 045	0.50	8 081	1.81			10 126	0.75
棕色针叶林土			3 881	0.85	3 749	0.92	14 839	3.33	2 087	5.79	24 556	1.82
总计	6 251	100	454 477	100	407 829	100	445 380	100	36 034	100	1 349 970	100

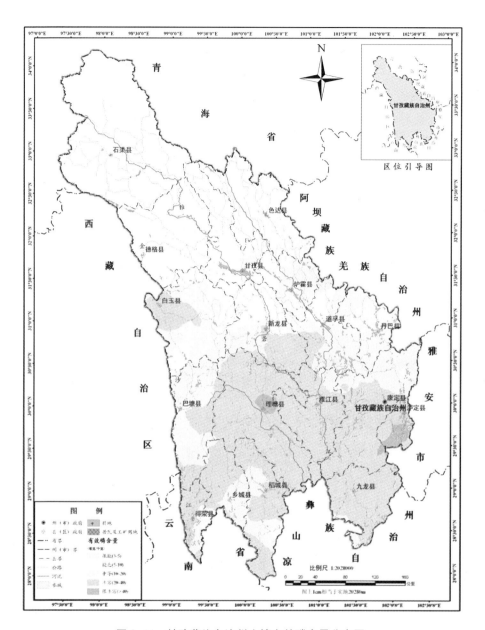

图 2-14　甘孜藏族自治州土壤有效磷含量分布图

2.5.2.2.3　土壤速效钾

土壤中的钾素能促进植物茎叶的生长，使茎秆健壮、不易倒伏，增强植物抗病能力。由于土壤母质原因，速效钾的含量变动幅度较大，一般沙质土壤含速效钾低，壤质、粘质土壤较高。土壤含钾量低的土壤施钾有明显效果。群众经验证明，速效钾 60~90 毫克/千克的土壤，种植水稻制种、杂交稻和红苕，施钾亦有效果。缺少化学钾肥时，对缺钾土壤和钾肥敏感的作物可以增施有机肥和草木灰来解决。

测土配方施肥土壤分析结果与第二次土壤普查结果相比，甘孜州耕地土壤速效钾含量呈上升趋势。根据全国第二次土壤普查时拟定的土壤速效钾丰缺标准，本次测土配方施肥分析结果将速效钾划分为缺乏（50~100 毫克/千克）、中等（100~150 毫克/千克）、丰富（150~200 毫克/千克）和很丰富（>200 毫克/千克）四个等级。缺乏水平分布面积最小，有 74 295 亩，占全州耕地面积的 5.50%；中等水平有 313 483 亩，占全州耕地面积的 23.22%；丰富水平分布面积最大，有 584 816 亩，占全州耕地面积的 43.32%；很丰富水平有 376 618 亩，占全州耕地面积的 27.90%。

从各县耕地土壤速效钾含量统计结果（见表 2-33）可看出，土壤速效钾含量处于缺乏水平的耕地只分布在康定县、泸定县、九龙县、道孚县和色达县 5 个县。主要分布在泸定县、九龙县和道孚县，面积均在 14 000~31 000 亩，共计 72 772 亩，占本等级面积的 97.95%；分布面积较小的是色达县，只有 720 亩，仅占本等级面积的 0.97%。除新龙县、理塘县和乡城县外，其他 15 个县均有土壤速效钾含量处于中等水平的耕地分布。其中康定县面积最大，有 96 858 亩，占该等级面积的 30.90%，占全州耕地面积的 7.17%；其次为泸定县、丹巴县、道孚县、甘孜县、德格县、白玉县、巴塘县和稻城县，分布面积均大于 10 000 亩，共计 184 967 亩，占本等级耕地面积的 59.00%，占全州耕地面积的 13.70%；其余 6 个县面积均不足 9 000 亩，共有 31 650 亩，仅占该等级面积的 10.09%。全州 18 个县均分布有速效钾含量处于丰富水平的耕地土壤。其中甘孜县面积最大，有 166 467 亩，占该等级面积的 28.46%，占全州耕地面积的 12.33%；其次为九龙县、道孚县、炉霍县、德格县、白玉县、石渠县和稻城县，面积均在 30 000~50 000 亩，共有 273 462 亩，占该等级面积的 46.76%，占全州耕地面积的 20.26%；康定县、丹巴县、雅江县、巴塘县、乡城县和得荣县面积都在 10 000~30 000 亩，共有 119 492 亩，占该等级面积的 20.43%，占全州耕地面积的 8.85%；其余 4 个县面积都不足 8 500 亩，仅占该等级面积的 4.34%；除稻城县，其余 17 个县均分布有速效钾含量处于很丰富水平的耕地土壤。面积大于 10 000 亩的县有康定县、雅江县、炉霍县、甘孜县、新龙县、德格县、白玉县、石渠县、理塘县、巴塘县和得荣县，共计 344 040 亩，占该等级面积的 91.35%，占全州耕地面积 25.49%。其中理塘县和新龙县最多，均有 60 000 亩左右，分别占该等级的 15.85% 和 16.12%；其次为康定县、雅江县、甘孜县、白玉县、石渠县和得荣县，均有 20 000~50 000 亩，共计 175 177 亩，占该等级面积的 46.51%，占全州耕地面积的 12.98%；炉霍县、德格县和巴塘县面积都有 10 000~20 000 亩，共有 48 472 亩，占该等级面积的 12.87%；其余 6 个县面积均不足 9 000 亩，共有 32 579 亩，占该等级面积的 8.65%；泸定县分布面积最小，只为 359 亩，仅占该等级面积的 0.10%。

从不同亚类土壤速效钾含量（见表 2-34）来看，暗褐土、暗棕壤、高位泥炭、黄褐土、黄棕壤、灰化棕色针叶林土、亚高山草甸土、亚高山灌丛草甸土、棕壤和棕色针叶林土 10 个亚类均分布有速效钾含量处于缺乏水平（50~100 毫克/千克）的土壤。分布面积大于 10 000 亩的有暗棕壤、黄棕壤、亚高山草甸土和棕壤，共计 62 570 亩，占该等级的 84.22%，占全州耕地面积的 4.63%。除草甸土、高山寒漠土和黑色石灰土外，其他 21 个亚类均分布有速效钾含量处于中等水平（100~150 毫克/千克）的土壤。面积大于 10 000 亩的有暗褐土、暗棕壤、高山草甸土、黄褐土、淋溶褐土、石灰性褐土、亚高山草甸土、亚高山灌丛草甸土、燥褐土、棕壤和棕色针叶林土，共计 282 816 亩，占该等级面积的 90.22%，占全州耕地面积的 20.95%。其中亚高山草甸土和棕壤面积最大，均在 50 000 亩以上，共有 109 604 亩，占该等级面积的 34.96%，占全州耕地面积的 8.12%；其次为暗褐土、暗棕壤和亚高山灌丛草甸土，面积都在 30 000 亩左右，共有 90 610 亩，占该等级面积的 28.90%，占全州耕地面积的 6.71%；高山草甸土、黄褐土、淋溶褐土、石灰性褐土、燥褐土和棕色针叶林土面积在 10 000~20 000 亩，共有 82 602 亩，占该等级耕地面积的 26.35%，占全州耕地面积的 6.12%；其余 10 个亚类面积都较小，均不足 8 000 亩，共有 30 667 亩，仅占该等级面积的 9.78%；高位泥炭土分布面积最小，只有 173 亩，仅占该等级面积的 0.06%。除草甸土、褐土、黑色石灰土、灰化棕色针叶林土和沼泽土外，其他 19 个亚类均分布有速效钾含量处于丰富水平（150~200 毫克/千克）的土壤。暗褐土、暗棕壤、高山草甸土、淋溶褐土、石灰性褐土、亚高山草甸土、亚高山灌丛草甸土、燥褐土和棕壤分布面积均大于 10 000 亩，共计 551 652 亩，占该等级面积的 94.33%，占全州耕地面积的 40.86%。其中暗褐土和亚高山草甸土分布面积最大，均在 160 000 亩以上，共有 330 534 亩，占该等级面积的 56.52%，占全州耕地面积的 24.48%；其次为暗棕壤、石灰性褐土和棕壤，面积在 30 000~60 000 亩，共有 149 989 亩，占该等级面积的 25.65%，占全州耕地面积的 11.11%；高山草甸土、淋溶褐土、亚高山灌丛草甸土和燥褐土面积在 10 000~30 000 亩，共有 71 129 亩，占该等级耕地面积的 12.16%，占全州耕地面积的 5.27%；其余 10 个亚类面积都较小，均不足 8 500 亩，共有 33 032 亩，仅占该等级面积的 5.65%；棕壤性土分布面积最小，只有 327 亩，仅占该等级面积的 0.06%。除褐土、黄褐土、黄棕壤、灰化棕色针叶林土和棕壤性土，其他 19 个亚类均分布有速效钾含量处于很丰富水平（>200 毫克/千克）的耕地土壤。面积较大的亚类有暗褐土、暗棕壤、石灰性褐土、亚高山草甸土、亚高山灌丛草甸土、燥褐土和棕壤，均大于 10 000 亩，共计 342 660 亩，占该等级的 90.98%，占全州耕地面积的 25.38%。其中暗褐土最多，有 130 524 亩，占该等级面积的 34.66%，占全州耕地面积的 9.67%；其次为暗棕壤和亚高山草甸土，分别有 66 479 亩和 49 687 亩，分别占该等级面积的 17.65% 和 13.19%；石灰性褐土、亚高山灌丛草甸土、燥褐土和棕壤面积在 15 000~35 000 亩，共有 95 970 亩，占该等级面积的 25.48%，占全州耕地面积的 7.11%；其余 12 个亚类面积都较小，均不足 7 500 亩，共有 33 959 亩，占该等级面积的 9.02%，占全州耕地面积的 2.52%；黑色石灰土分布面积最小，只有 126 亩，仅占该等级面积的 0.03%。

表 2-33　　　　　甘孜州各县速效钾分级耕地面积统计

县名	缺乏(50~100 毫克/千克)		中等(100~150 毫克/千克)		丰富(150~200 毫克/千克)		很丰富(>200 毫克/千克)		合计	
	面积 (亩)	比例 (%)	面积 (亩)	比例 (%)	面积 (亩)	比例 (%)	面积 (亩)	比例 (%)	面积 (亩)	比例 (%)
康定县	804	1.08	96 858	30.90	17 800	3.04	24 638	6.54	140 100	10.38
泸定县	27 748	37.35	36 986	11.80	8 212	1.40	359	0.10	73 305	5.43
丹巴县			14 854	4.74	16 676	2.85	7 950	2.11	39 480	2.92
九龙县	14 868	20.01	8 025	2.56	31 802	5.44	1 427	0.38	56 880	4.21
雅江县			1 423	0.45	15 749	2.69	28 383	7.54	45 555	3.37
道孚县	30 156	40.59	29 429	9.39	47 068	8.05	8 817	2.34	115 470	8.55
炉霍县			3 377	1.08	47 181	8.07	17 902	4.75	68 460	5.07
甘孜县			13 023	4.15	166 467	28.46	21 510	5.71	201 000	14.89
新龙县					5 450	0.93	59 680	15.85	65 130	4.82
德格县			21 225	6.77	34 351	5.87	19 409	5.15	74 985	5.55
白玉县			15 235	4.86	41 807	7.15	26 748	7.10	83 790	6.21
石渠县			6 365	2.03	33 891	5.80	46 834	12.44	87 090	6.45
色达县	720	0.97	3 754	1.20	8 141	1.39	5 190	1.38	17 805	1.32
理塘县					3 594	0.61	60 711	16.12	64 305	4.76
巴塘县			40 007	12.76	22 422	3.83	11 161	2.96	73 590	5.45
乡城县					25 915	4.43	8 836	2.35	34 751	2.57
稻城县			14 208	4.53	37 362	6.39			51 570	3.82

表2-33（续）

县名	缺乏(50~100 毫克/千克)		中等(100~150 毫克/千克)		丰富(150~200 毫克/千克)		很丰富(>200 毫克/千克)		合计	
	面积(亩)	比例(%)	面积(亩)	比例(%)	面积(亩)	比例(%)	面积(亩)	比例(%)	面积(亩)	比例(%)
得荣县			8 706	2.78	20 930	3.58	27 064	7.19	56 700	4.20
合计	74 295	100	313 483	100	584 816	100	376 618	100	1 349 970	100

表 2-34　　甘孜州土壤亚类速效钾分级耕地面积统计

土壤亚类	缺乏(50~100 毫克/千克)		中等(100~150 毫克/千克)		丰富(150~200 毫克/千克)		很丰富(>200 毫克/千克)		合计	
	面积(亩)	比例(%)	面积(亩)	比例(%)	面积(亩)	比例(%)	面积(亩)	比例(%)	面积(亩)	比例(%)
暗褐土	614	0.83	29 659	9.46	170 332	29.13	130 524	34.66	331 129	24.53
暗棕壤	16 141	21.73	28 585	9.12	55 835	9.55	66 479	17.65	167 040	12.37
草甸土							2 121	0.56	2 121	0.16
高山草甸土			16 026	5.11	29 464	5.04	6 686	1.78	52 176	3.86
高山灌丛草甸土			6 385	2.04	755	0.13	1 818	0.48	8 957	0.66
高山寒漠土					4 597	0.79	891	0.24	5 488	0.41
高位泥炭土	106	0.14	173	0.06	4 484	0.77	1 154	0.31	5 917	0.44
褐土			1 571	0.50					1 571	0.12
褐土性土			3 561	1.14	4 013	0.69	7 350	1.95	14 923	1.11
黑色石灰土							126	0.03	126	0.01
黄褐土	4 976	6.70	10 351	3.30	1 404	0.24			16 731	1.24
黄棕壤	17 848	24.02	611	0.19	8 438	1.44			26 897	1.99
灰化棕色针叶林土	987	1.33	2 776	0.89					3 763	0.28
淋溶褐土			14 066	4.49	11 963	2.05	1 613	0.43	27 642	2.05
石灰性褐土			16 268	5.19	34 958	5.98	27 230	7.23	78 456	5.81
亚高山草甸土	14 132	19.02	54 353	17.34	160 202	27.39	49 687	13.19	278 854	20.66
亚高山灌丛草甸土	2 848	3.83	32 366	10.32	17 107	2.93	16 855	4.48	69 176	5.12
燥褐土			12 651	4.04	12 595	2.15	16 956	4.50	42 202	3.13
沼泽土			7 701	2.46			3 970	1.05	11 671	0.86
中性粗骨土			2 379	0.76	1 334	0.23	179	0.05	3 891	0.29
棕壤	14 449	19.45	55 251	17.62	59 196	10.12	34 929	9.27	164 103	12.16
棕壤性土			1 994	0.64	327	0.06			2 321	0.17
棕色石灰土			3 516	1.12	981	0.17	5 629	1.49	10 126	0.75
棕色针叶林土	2 195	2.95	13 240	4.22	6 699	1.15	2 422	0.64	24 556	1.82
总计	74 295	100	313 483	100	584 816	100	376 618	100	1 349 970	100

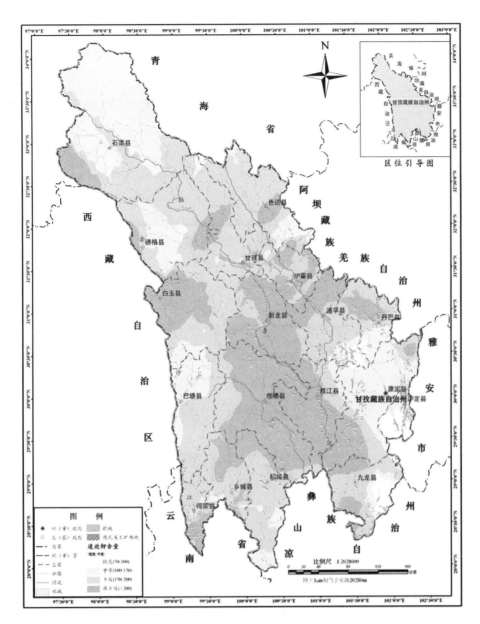

图2-15 甘孜藏族自治州土壤速效钾含量分布图

2.5.2.3 微量元素

甘孜州耕地基本以旱地为主，水田面积分布极少，因此本次土地评价只对部分旱地土壤进行了微量元素测定。由于全国第二次土壤普查时，全州土壤测试结果中均没有中微量元素测试值，所以下述结果只有本次测试结果，无法进行历史对比，也无法探讨耕地土壤微量元素的变化情况。表2-35统计了甘孜州旱地土壤微量元素含量情况。由表中分析可知，甘孜州旱地土壤有效铁含量介于8.3~139.0毫克/千克之间，属于中等至很丰富水平，平均为35.0毫克/千克，其中最大值为最小值的16.75倍，变动幅度较大；土壤有效锰含量介于3.2~60.7毫克/千克，属于缺乏至很丰富水平，平均为18.8毫克/千克，其中最大值为最小值的18.97倍，变动幅度较大；土壤有效铜含量介于0.24~6.48毫克/千克，属于缺乏至很丰富水平，平均为1.45毫克/千克，其中最大值为最小值的27倍，变动幅度很大；土壤有效锌含量介于0.32~10.02毫克/千克，属于缺乏至很丰富水平，平均为1.68毫克/千克，其中最大值为最小值的31.31倍，变动幅度很大；土壤有效钼含量介于0.03~0.81毫克/千克，属于很缺至很丰富水平，平均为0.22毫克/千克，其中最大值为最小值的27倍，变动幅度很大；土壤水溶性硼含量介于0.03~1.02毫克/千克，属于很缺至很丰富水平，平均为0.28毫克/千克，其中最大值为最小值的34倍，变动幅度很大。

表2-35   甘孜州旱地土壤微量元素含量情况（毫克/千克）

项目	平均值	最大值	最小值
有效铁	35.0	139.0	8.3
有效锰	18.8	60.7	3.2
有效铜	1.45	6.48	0.24
有效锌	1.68	10.02	0.32
有效钼	0.22	0.81	0.03
水溶性硼	0.28	1.02	0.03

2.6 耕地地力评价结果

2.6.1 耕地地力等级划分基本情况及分布特点

2.6.1.1 划分基本情况

依据全国农业技术推广服务中心编著的《耕地地力评价指南》，本研究在四川省耕地地力评价指标体系的基础上选取有效磷、速效钾、质地、pH值、有机质、海拔、地形部位、常年降雨量、坡向、侵蚀程度、灌溉能力11个指标作为评价因子。在县域耕地资源管理信息系统 V4.0（CLRMIS4.0）中，将空间数据和属性数据进行关联，以耕地地力评价单元为对象，利用甘孜州耕地地力评价指标体系，采用层次分析模型和隶属度函数模型对甘孜州全州耕地生产潜力地力进行了评价，最终计算出的甘孜州耕地地力综合指数在 0.680～0.845 之间。用样点数与耕地地力综合指数制作累积频率曲线图，根据样点分布的频率，根据耕地地力综合指数将甘孜州耕地生产潜力分为五级：<0.680、0.680～0.750、0.750～0.796、0.796～0.845、>0.845（见表 2-36）。甘孜州几乎全为旱地，其中一级地分布面积较小，为 79 051 亩，占全州耕地面积的5.86%；二级地 198 278 亩，占全州耕地面积的 14.69%；三级地 322 590 亩，占全州耕地面积的 23.90%；四级地面积最大，共计 576 461 亩，占全州耕地面积的 42.70%；五级地 173 589 亩，占全州耕地面积的 12.86%。然后依据农业部颁布的《全国耕地类型区、耕地地力等级划分》（NY/T309-1 996），根据概念性产量确定了甘孜州耕地生产潜力等级在全国耕地地力等级体系中所处的等级水平分别是三等地、四等地、五等地、六等地、七等地。依据《全国中低产田类型划分与改良技术规范》（NY/T310-1 996），甘孜州旱地三级地、四级地、五级地属于中低产田，其总面积为 1 072 640 亩，占全州耕地面积的79.46%，表明甘孜州中低产田的改造潜力还很大。

表 2-36　　　　甘孜州旱地地力等级划分基本情况及分布特点

县地力等级		一级	二级	三级	四级	五级	合计
面积统计	耕地面积（亩）	79 051	198 278	322 590	576 461	173 590	1 349 970
	占耕地比例（%）	5.86	14.69	23.90	42.70	12.86	100
地力综合指数		>0.845	0.796～0.845	0.750～0.796	0.680～0.750	<0.680	

2.6.1.2　各等级地分布特点

2.6.1.2.1　县域分布

甘孜州的耕地地力评价中采用了如前所述的 11 个指标构成的评价指标体系。这 11 个指标在各个县中可能存在一定的区域性或差异性，从而导致以它们为基础评价得到的耕地等级在分布上表现出一定的区域性和差异性，不同等级耕地在县域间分布特征如表 2-37 所示。从全州各县各等级耕地分布情况（见表 2-37）来看，一级地仅在康定县、泸定县、九龙县、雅江县、道孚县、新龙县、白玉县和理塘县 8 个县有分布。其中道孚县分布面积最大，有 36 169亩，占一级地面积的 45.75%；其次为康定县和雅江县，分别有 23 419 亩和

10 586 亩，分别占一级级面积的 29.63% 和 13.39%；其他 5 个县分布面积都较小，均不足 5 000 亩，其中泸定县分布面积最小，有 558 亩，仅占一级地面积的 0.71%。除甘孜县、德格县和石渠县外，其他 15 个县均分布有二级地。康定县、泸定县、雅江县、道孚县和理塘县二级地面积均大于 10 000 亩，共计 160 123 亩，占二级地面积的 80.76%。其中道孚县二级地最多，有 74 502 亩，占二级地的 37.57%；其次为康定县、泸定县、雅江县和理塘县，面积均在 15 000~30 000 亩，共有 85 621 亩，占二级地面积的 43.18%；丹巴县、九龙县和新龙县二级地面积在 6 000~10 000 亩，共有 23 721 亩，占二级地面积的 11.96%；其余 6 个县二级地分布面积都不足 5 000 亩，共有 14 435 亩，占二级地面积的 7.28%；色达县分布面积最小，只有 193 亩，仅占二级地面积的 0.09%。三级地除甘孜县和石渠县外，其他 16 个县均有分布。康定县、泸定县、九龙县、雅江县、新龙县、白玉县、理塘县、巴塘县和稻城县三级地分布面积均大于 10 000 亩，共计 285 970 亩，占三级地面积的 88.65%。其中康定县最多，有 75 697 亩，占三级地面积的 23.47%；其次为九龙县、稻城县和理塘县，三级地面积均在 35 000~45 000 亩，共有 122 874 亩，占三级地面积的 38.09%，泸定县、雅江县、新龙县、白玉县和巴塘县三级地面积均在 10 000~26 000 亩，共有 87 399 亩，占三级地面积的 27.09%；其余 7 个县的三级地面积均不足 10 000 亩，共有 36 620 亩，占三级地面积的 11.35%；三级地分布面积最小的是色达县，只有 223 亩，仅占三级地面积的 0.07%。除雅江县外其他 17 个县均分布有四级地。四级地分布面积大于 50 000 亩的县有甘孜县、白玉县、石渠县和得荣县，共有 311 989 亩，占四级地面积的 54.12%。其中甘孜县最多，有 115 750 亩，占全州四级地面积的 20.08%；炉霍县、新龙县、德格县、巴塘县和乡城县四级地面积在 25 000~50 000 亩，共有 192 020 亩，占四级地面积的 33.31%；康定县、泸定县和丹巴县四级地面积在 10 000~20 000 亩，共计 46 933 亩，占全州四级地面积的 8.14%；其余 5 个县四级地面积最都不足 9 000 亩，共有 25 520 亩，仅占全州四级地面积的 4.43%；道孚县四级地分布面积最小，只有 396 亩，仅占四级地面积的 0.07%。除九龙县、雅江县、道孚县、理塘县和稻城县外，五级地在其他 13 个县均有分布。分布面积较大的有炉霍县、甘孜县和德格县，面积都在 18 000 亩以上，共有 105 814 亩，占全州五级地面积的 60.96%。其中甘孜县最多，有 85 250 亩，占五级地面积的 49.11%；康定县、泸定县、丹巴县、新龙县、石渠县和色达县，面积都在 5 000~9 000 亩，共有 43 673 亩，占五级地面积的 25.16%；其余 4 个县五级地面积均在 1 500 亩以下；得荣县五级地最少，只有 857 亩，仅占五级地面积的 0.49%。

从表 2-37 中还可以看出，全州各县耕地地力等级差异较大。康定县五个等级耕地都有分布，但以三级地为主，三级地占全县耕地面积的 54.03%。泸定县也是五个等级耕地都有分布，以二、三级地为主，共有 50 395 亩，占泸定县耕地面积的 68.75%。丹巴县耕地有二、三、四、五级四个等级，其中四级地面积最大，有 13 505 亩，占丹巴县耕地面积的 34.21%；其次为二级地和三级地，分别占丹巴县耕地面积的 24.70% 和 24.62%。九龙县有一到四级地，以三级地为主，三级地占全县耕地面积的 75.46%。雅江县有一到三级地，以二级地为主，二级地占全县耕地面积的 51.29%，一级地和三级地面积相差不大。道孚县有一到四级地，以二级地为主，有 74 502 亩，二级地占全县耕地面积的 64.52%；其次为一级地，一级地占 31.32%。炉霍县耕地为二到五级，以四级为主，四级地占全县耕地面积的 57.76%；其次为五级地，五级地占全县耕地面积的 31.42%。甘孜县只有四、五级地，四级地占主体，有 115 750 亩，占 57.59%。新龙县耕地从一级地到五级地都有，四级地最多，有 34 272 亩，占全县耕地面积的 52.62%；其次为三级地，占 23.17%。德格县只有三级地到五级地，以四级地为主，有 46 941 亩，占全县耕地面积的 62.60%；其次为五级地，占 24.55%。白玉县五个级别耕地均有分布，但以三级地和四级地为主，四级地面积最大，有 64 360 亩，占白玉县耕地面积的 76.81%；其次为三级地，有 12 129 亩，占白玉县耕地面积的 14.48%。石渠县耕地只有四、五两个级别，以四级地为主，有 80 725 亩，占全县耕地面积的 92.69%。色达县耕地有二、三、四、五级四个等级，其中四、五级地最多，分别占全县耕地面积的 50.08% 和 47.59%。理塘县耕地有一、二、三、四级四个等级，其中三级地最多，有 37 793 亩，占全县耕地面积的 58.77%；其次为二级地，占全县耕地面积的 29.50%。巴塘县耕地有二、三、四、五级四个等级，其中四级地面积最大，有 42 492 亩，占巴塘县耕地面积的 57.74%；其次为三级地，有 25 692 亩，占巴塘县耕地面积的 34.91%。乡城县耕地有二、三、四、五级四个等级，其中四级地面积最大，有 28 774 亩，占全县耕地面积的 82.79%。稻城县耕地有二、三、四级，以三级地为主，有 42 157 亩，占全县耕地面积的 81.75%。得荣县耕地有三、四、五级，以四级地为主，有 51 154 亩，占全县耕地面积的 90.22%。

表 2-37甘孜州旱地各县各地力等级分布特点

县名	一级地	二级地	三级地	四级地	五级地	合计	
						面积(亩)	比例(%)
康定县	23 419	15 772	75 697	16 542	8 670	140 100	10.38
泸定县	558	27 513	22 882	16 886	5 466	73 305	5.43
丹巴县		9 753	9 721	13 505	6 501	39 480	2.92
九龙县	4 744	6 969	42 924	2 243		56 880	4.21
雅江县	10 586	23 366	11 603			45 555	3.37
道孚县	36 169	74 502	4 403	396		115 470	8.55
炉霍县		2 607	4 800	39 541	21 512	68 460	5.07
甘孜县				115 750	85 250	201 000	14.89
新龙县	569	6 999	15 093	34 272	8 198	65 130	4.82
德格县			9 632	46 941	18 412	74 985	5.55
白玉县	1 919	4 294	12 129	64 360	1 088	83 790	6.21
石渠县				80 725	6 365	87 090	6.45
色达县		193	223	8 916	8 473	17 805	1.32
理塘县	1 078	18 970	37 793	6 455		64 305	4.76
巴塘县		4 000	25 692	42 492	1 407	73 590	5.45
乡城县		1 439	3 152	28 774	1 390	34 755	2.57
稻城县		1 902	42 157	7 510		51 570	3.82
得荣县			4 689	51 154	857	56 700	4.20
合计	79 051	198 278	322 590	576 461	173 589	1 349 970	100

2.6.1.2.2 各土壤亚类分布

从不同土壤亚类各地力等级分布特点来看（见表 2-38），一级地主要分布在暗褐土、暗棕壤、高山灌丛草甸土、褐土性土、黄棕壤、淋溶褐土、石灰性褐土、亚高山草甸土、亚高山灌丛草甸土、燥褐土、沼泽土、棕壤和棕色针叶林土 13 个亚类中。其中石灰性褐土、亚高山草甸土、亚高山灌丛草甸土和棕壤分布面积较大，面积均大于 10 000 亩，共计 61 823 亩，占一级地面积的 78.21%；其次为暗褐土、暗棕壤和燥褐土，面积在 2 500~8 000 亩，共有 14 034 亩，占一级地面积的 17.75%；其余 6 个亚类土壤面积都较小，均不足 1 000 亩，其中沼泽土分布面积最小，只有 272 亩，仅占一级地面积的 0.34%。除草甸土、高山寒漠土、褐土、黑色石灰土和棕色石灰土外其余土壤亚类均分布有二级地，面积大于 10 000 亩的有暗褐土、暗棕壤、高山草甸土、亚高山草甸土、燥褐土和棕壤，共计 155 253 亩，占二级地面积的 78.30%。暗棕壤和亚高山草甸土二级地面积最大面积，均在 40 000 亩左右，共有 80 058 亩，占二级地面积的 40.38%；暗褐土、高山草甸土、燥褐土和棕壤二级地面积在 10 000~30 000 亩，共有 75 195 亩，占二级地面积的 37.92%；黄棕壤、石灰性褐土和亚高山灌丛草甸土二级地面积在 6 000~10 000 亩，共有 24 506 亩，占二级地面积的 12.36%；褐土性土、黄褐土、淋溶褐土、沼泽土和棕色针叶林土二级地面积在 1 700~5 000 亩，共有 17 326 亩，占二级地面积的 8.74%；其余 5 个亚类土壤面积均较小，其中最小的是高位泥炭土，仅有 170 亩，仅占二级地面积的 0.09%。除草甸土、高位泥炭土和棕色石灰土外，其他 21 个亚类土壤均分布有三级地，暗褐土、暗棕壤、黄棕壤、石灰性褐土、亚高山草甸土、亚高山灌丛草甸土、棕壤和棕色针叶林土三级地分布面积均大于 10 000 亩，共计 280 551 亩，占三级地面积的 86.97%。其中暗棕壤、亚高山草甸土和棕壤三级地面积最大，面积均在 46 000 亩以上，共有 161 770 亩，占三级地面积的 50.15%；其次为暗褐土、黄棕壤、石灰性褐土、亚高山灌丛草甸土和棕色针叶林土，面积都在 10 000~40 000 亩，共有 118 781 亩，占三级地面积的 36.82%；三级地面积在 5 000~10 000 亩的亚类土壤有高山草甸土、黄褐土、淋溶褐土和燥褐土，共有 25 726 亩，占三级地面积的 7.97%；三级地面积在 1 000~5 000 亩的亚类土壤有高山灌丛草甸土、高山寒漠土、褐土、褐土性土、灰化棕色针叶林土和棕壤性土，共有 15 266 亩，仅占三级地面积的 4.73%；其余三个亚类土壤三级地面积都不足 600 亩，其中黑色石灰土分布面积最小，仅有 126 亩，仅占三级地的 0.039%。四级地分布面积最大，有 576 461 亩，占全州面积的 42.70%，除褐土、黑色石灰土、灰化棕色针叶林土和棕壤性土外，其余 20 个亚类土壤均有分布，暗褐土、暗棕壤、高山灌丛草甸土、淋溶褐土、石灰性褐土、亚高山草甸土、亚高山灌丛草甸土、燥褐土、棕壤和棕色针叶林土分布面积均大于 10 000 亩，共计 538 597 亩，占四级地面积的 93.43%。其中暗褐土和亚高山草甸土面积最大，分别有 227 241 亩和 110 226 亩，分别占全州四级地面积的 39.42% 和 19.12%；其次为暗棕壤和棕壤，四级地面积在 45 000~56 000 亩，共有 100 082 亩，占四级地面积的 17.36%；高山灌丛草甸土、淋溶褐土、石灰性褐土、亚高山灌丛草甸土、燥褐土和棕色针叶林土四级地面积在 10 000~30 000 亩，共有 101 048 亩，占四级地面积的 17.53%；褐土性土和棕色石灰土四级地面积在 6 000~10 000 亩，共有 16 226 亩，仅占四级地面积的 2.81%；草甸土、高山寒漠土、高位泥炭土、黄褐土、沼泽土和中性粗骨土四级地面积在 1 000~5 000 亩，共有 20 959 亩，仅占四级地面积的 3.64%；分布面积最小的是高山草甸土和黄棕壤，均不足 600 亩。五级地主要分布于暗褐土、暗棕壤、高山草甸土、高山寒漠土、高位泥炭土、褐土性土、黄褐土、淋溶褐土、石灰性褐土、亚高山草甸土、燥褐土、沼泽土、棕壤、棕壤性土和棕色石灰土15个亚类中。其中亚高山草甸土分布面积最大，有67 577亩，占五级地面积的38.93%；其次为暗褐土，有37 030亩，占五级地面积的21.33%；暗棕壤和高山草甸土五级地面积在15 000~22 000亩，共有37 799亩，占五级地面积的21.77%；高位泥炭土和石灰性褐土五级地面积在5 500~8 500亩，共有13 981亩，占五级地面积的8.05%；褐土性土、黄褐土、淋溶褐土、沼泽土和棕壤五级地面积在2 000~5 000亩，共有15 879亩，占五级地面积的9.15%；高山寒漠土、燥褐土、棕壤性土和棕色石灰土分布面积较小，均不足900亩，共有1 324亩，仅占五级地面积的0.76%。

表2-38　　　　甘孜州旱地土壤亚类各地力等级分布特点

土壤亚类	一级地	二级地	三级地	四级地	五级地	合计	
						面积（亩）	比例（%）
暗褐土	3 417	25 099	38 341	227 241	37 030	331 129	24.53
暗棕壤	7 993	41 054	46 877	55 120	15 997	167 040	12.37
草甸土				2 121		2 121	0.16
高山草甸土		10 728	5 978	134	21 802	5 176	3.86
高山灌丛草甸土	536	251	3 859	13 644		8 957	0.66
高山寒漠土			1 821	4 343	239	5 488	0.41
高位泥炭土		170		3 428	5 747	5 917	0.44
褐土			1 571			1 571	0.12
褐土性土	891	1 789	2 415	6 977	2 853	14 923	1.11
黑色石灰土			126			126	0.01
黄褐土		3 612	5 304	3 938	3 877	16 731	1.24
黄棕壤	298	8 469	17 564	566		26 897	1.99
灰化棕色针叶林土		157	3 606			3 763	0.28
淋溶褐土	531	4 273	8 184	10 290	4 364	27 642	2.05
石灰性褐土	11 620	9 892	19 533	29 176	8 234	78 456	5.81
亚高山草甸土	13 253	39 004	48 794	110 226	67 577	278 854	20.66
亚高山灌丛草甸土	15 209	6 145	32 997	14 824		69 176	5.12
燥褐土	2 624	10 788	6 260	22 427	102	42 202	3.13
沼泽土	272	4 772	593	3 970	2 064	11 671	0.86
中性粗骨土		403	329	3 159		3 891	0.29
棕壤	21 741	28 580	66 099	44 962	2 721	164 103	12.16
棕壤性土		221	1 994		106	2 321	0.17
棕色石灰土				9 249	877	10 126	0.75
棕色针叶林土	666	2 880	10 346	10 664		24 556	1.82
总计	79 051	198 278	322 590	576 461	173 589	1 349 970	100

2.6.2 耕地地力等级分述

2.6.2.1 一级地

2.6.2.1.1 立地条件指标分析

甘孜州属于盆周山地，基本为旱地，几乎无水田。由表2-39、表2-40、表2-41、表2-42分析可知，一级地耕地面积最小，有79 051亩，占全州耕地面积的5.86%。该等级地主要分布在山前平原，有71 528亩，占一级地的90.48%，一级阶地也分布有少量的一级地，有7 524亩，占一级地的9.52%。从表中可以看出，一级地海拔在2 139~3 653米，平均海拔3 049米，主要分布在海拔高于2 500米的地形上。海拔2 500米~3 000米分布有21 876亩的一级地耕地，占该类型的27.67%；海拔3 000米~3 500米分布有25 753亩，占该类型的32.58%；海拔>3 500米分布有24 756亩，占该类型的31.32%。一级地常年降雨量在500~600毫米和700~800毫米，平均常年降雨量为628毫米，常年降雨量为500~600毫米的一级地有50 689亩，占该类型的64.12%；其次是700~800毫米降雨量的一级地分布面积为26 579亩，占该类型的33.62%。坡向主要为平地、东北、东南和西，平地分布绝大部分面积，有70 689亩，占该类型的89.42%。

2.6.2.1.2 耕层理化性状指标分析

由表2-43、表2-44分析可知，一级地土壤质地仅分布有轻壤、中壤和重壤。主要为中壤，有56 169亩，占该类型的71.05%；其次为重壤，为13 524亩，占该类型的17.11%。土壤pH值为5.7~8.0，中值为6.75。一级地土壤主要呈中性，有37 336亩，占该类型的47.23%；微酸土壤和碱性土壤也有分布，分别为23 415亩和18 300亩，占该类型的29.62%和23.15%。土壤有机质在丰富及以上水平，分布于31.9~69.7克/千克的范围，平均48.09克/千克。该类型主要分布于很丰富水平，有53 644亩，占该类型的67.86%；丰富水平的一级地有25 407亩，占该类型的32.14%。全氮分布在1.46~2.76克/千克的范围，平均2.23克/千克，该类型主要分布于很丰富水平。碱解氮分布于147~244毫克/千克的范围，平均177毫克/千克，该类型总体为丰富水平。有效磷在15~38毫克/千克的范围，平均26.1毫克/千克，主要分布在丰富水平。土壤速效钾在178~192毫克/千克的范围，平均185毫克/千克，主体为丰富水平。一级地在康定县、雅江县、道孚县分布面积最大，代表亚类为棕壤、亚高山灌丛草甸土、亚高山草甸土、石灰性褐土。

2.6.2.2 二级地

2.6.2.2.1 立地条件指标分析

二级地共计198 278亩，占全州耕地面积的14.69%。由表2-39、表

2-40、表2-41、表2-42分析可知,该等级耕地除了洪积扇和坡地,其他4个地形部位均有分布。主要分布在山前平原,有161 791亩,占该类型的81.60%;其次是山前倾斜平原,有20 448亩,占该类型10.31%。二级地海拔在1 339米到3 824米之间,5个等级的海拔均有分布,平均海拔为2 890米。二级地主要分布在海拔3 000米以上,海拔在3 000~3 500米的二级地有47 069亩,占该类型的23.74%,;海拔高于3 500米的二级地有89 690亩,占该类型的45.23%。常年降雨量主要分布在462~1 200毫米,平均常年降雨量为671毫米。二级地各个常年降雨量都有分布,500~600毫米分布的面积最广,有90 117亩,占该类型的45.45%;其次为700~800毫米,有64 617亩,占该类型的32.59%;400~500毫米是分布面积最小的常年降雨量,仅1 439亩,占该类型的0.73%。二级地坡向除了向北,其他坡向均有分布,分布面积最大的为平地,有104 052亩,占该类型的52.48%。

2.6.2.2.2 耕层理化性状指标分析

由表2-43、表2-44分析可知,该等级土壤6种质地均有分布,以中壤为主,有85 418亩,占该类型的43.08%;其次轻壤和重壤分布也较多,分别为54 013亩和47 545亩,分别占该类型的27.24%和23.98%。pH值主要分布在4.9~8.4,中值为6.8,主要为中性土壤和碱性土壤。有84 129亩耕地为中性土壤,占二级地的42.43%;有71 836亩耕地为碱性土壤,占二级地的36.23%。有机质含量在23.0~76.8克/千克的范围,平均48.3克/千克。三个等级均有分布,以很丰富水平为主,有153 844亩,占该类型的77.59%;丰富水平有37 792亩,占该类型的19.06%。全氮含量最大值为6.3克/千克,最小值1.44克/千克,平均2.45克/千克,以很丰富水平为主。碱解氮含量在141毫克/千克和281毫克/千克之间,平均198毫克/千克,以很丰富水平为主。有效磷含量以丰富水平为主,分布在6~53毫克/千克之间,平均28.5毫克/千克。速效钾含量以丰富水平为主,最低值为55毫克/千克,最大值为400毫克/千克,平均值为170毫克/千克。二级地主要分布在道孚县、泸定县、雅江县、康定县,代表亚类为暗褐土、暗棕壤、亚高山草甸土、棕壤。

2.6.2.3 三级地

2.6.2.3.1 立地条件指标分析

三级地共计322 590亩,占全州耕地面积的23.90%。由表2-39、表2-40、表2-41、表2-42分析可知,该等级耕地地形部分主要分布在一级阶地、山前平原、山前倾斜平原、山前台地和坡地。其中山前平原分布面积最大,为172 521亩,占该类型的53.48%;其次是山前倾斜平原,有65 518亩,占该类型的20.31%。三级地海拔在1 409~3 962米,平均海拔为2 928米,五个等级的海拔均有分布，大于 3 000 米海拔分布面积较大，3 000～3 500 米有 110 049 亩，占该类型的 34.11%；大于 3 500 米的三级地有 82 163 亩，占该类型的 25.47%。常年降雨量主要分布在 450～1 200 毫米，平均常年降雨量为 655 毫米。三级地各个常年降雨量均有分布，主要分布在 700～800 毫米，有 176 989 亩，占该类型的 54.87%；其次是 600～700 毫米，有 71 752 亩，占该类型的 22.24%。三级地在各个坡向均有分布，平地分布面积最广，有 989 335 亩，占该类型的 30.67%，其次为东和西，分别有 59 004 亩和 48 125 亩，分别占三级地面积的 18.29% 和 14.92%。

2.6.2.3.2 耕层理化性状指标分析

由表 2-43、表 2-44 分析可知，该等级土壤 6 种质地均有分布，主要为中壤，有 178 028 亩，占该类型的 55.19%；轻壤和重壤分布也较多，共计 134 758 亩，占该类型的 41.77%。pH 值主要分布在 4.9～8.4，中值为 6.8，微酸土壤、中性土壤和碱性土壤分布都较多，分别有 110 616 亩、86 519 亩和 117 197，分布占该类型的 34.29%、26.82% 和 36.33%。有机质含量在 21.7～73.4 克/千克，平均值 44.3 克/千克。三个等级均有分布，以很丰富水平分布面积最大，有 151 004 亩，占该类型的 46.81%；其次是丰富水平，为 149 424 亩，占该类型的 46.32%。全氮含量最大值为 6.36 克/千克，最小值为 1.21 克/千克，平均 2.48 克/千克，主要处于很丰富的水平。碱解氮含量在 130～290 毫克/千克，平均 206 毫克/千克，主要处于很丰富的水平。有效磷含量在 7～54 毫克/千克，平均 30.2 毫克/千克，以丰富水平为主。速效钾含量以丰富水平为主，分布在 55 毫克/千克与 517 毫克/千克，平均 190 毫克/千克。三等地主要分布在康定县、九龙县、稻城县、理塘县，代表亚类为棕壤、亚高山草甸土、暗棕壤、暗褐土、亚高山灌丛草甸土。

2.6.2.4 四级地

2.6.2.4.1 立地条件指标分析

四级地共计 576 461 亩，分布面积最大，占全州耕地面积的 42.70%。由表 2-39、表 2-40、表 2-41、表 2-42 分析可知，该等级耕地主要分布在山前平原，有 192 387 亩，占该类型的 33.37%；其次是坡地和山前倾斜平原，分别有 165 514 亩和 135 637 亩，分别占该类型的 28.71% 和 23.53%。该等级各个等级海拔均有分布，主要在 1 475～3 935 米，平均海拔为 2 927 米。3 000～3 500 米分布了大部分的面积，有 352 478 亩，占该类型的 61.15%。9 个坡向均有分布，主要为平地，有 250 523 亩，占该类型的 43.46%；其次为向东，有 177 642 亩，占该类型的 30.82%。四级地常年降雨量主要分布在 400～700 毫米范围内，平均常年降雨量为 614 毫米。600～700 毫米分布了 299 541 亩，占该类型的 51.96%；其次为 500~600 毫米，有 153 446 亩，占该类型的 26.62%。

2.6.2.4.2　耕层理化性状指标分析

由表 2-43、表 2-44 分析可知，该等级土壤 6 个质地均有分布，以中壤为主，有 358 369 亩，占该类型的 62.17%；其次为重壤和轻壤，分别有 118 135 亩和 70 453 亩，分别占四级地面积的 20.49% 和 12.22%。pH 值主要分布在 5.3~8.5，中值为 6.85，主要为碱性土壤，有 511 551 亩，占该类型的 88.74%。有机质含量三个等级均有分布，范围在 20.5~71.3 克/千克，平均 45.4 克/千克，以丰富水平为主，有 327 949 亩，占该类型的 56.89%。全氮含量以很丰富水平为主，平均 2.92 克/千克。碱解氮含量以很丰富为主，平均 185 毫克/千克。有效磷含量以丰富水平为主，平均 24.2 毫克/千克。速效钾含量以丰富水平为主，平均 195 毫克/千克。四级地主要分布在康定县、九龙县、稻城县、理塘县，代表亚类为棕壤、亚高山草甸土、暗棕壤、暗褐土、亚高山灌丛草甸土。

2.6.2.5　五级地

2.6.2.5.1　立地条件指标分析

五级地共计 173 589 亩，占全州耕地面积的 12.86%。由表 2-39、表 2-40、表 2-41、表 2-42 分析可知，该等级耕地除一级阶地，其他地形部分均有分布。主要分布在坡地，有 119 004 亩，占该类型的 68.55%；其次为山前台地，有 39 463 亩，占 22.73%。各等级海拔均有分布，海拔在 1 735~3 776 米，平均为 3 111 米，主要分布在 3 000~3 500 米，有 121 408 亩，占该类型的 69.94%。坡向除了东南，其他坡向均有分布，主要为平地、东和南，平地分布面积最大，有 107 078 亩，占该类型的 61.68%。每个类型的常年降雨量均有分布，主要分布在 400~915 毫米，平均常年降雨量为 616 毫米，分布面积最大的是 600~700 毫米，有 143 771 亩，占该类型的 82.82%。

2.6.2.5.2　耕层理化性状指标分析

由表 2-43、表 2-44 分析可知，该等级土壤质地主要为重壤，有 73 541 亩，占该类型的 42.36%；其次是中壤，有 51 003 亩，占该类型的 29.38%。pH 值主要分布在 6.1~7.8，中值为 7.8，主要为碱性土壤，有 161 993 亩，占该类型的 93.32%。有机质含量平均 40.5 克/千克，中等和丰富水平分布都较多。中等有 84 642 亩，占该类型的 48.76%；丰富有 62 822 亩，占该类型 36.19%。全氮含量以很丰富水平为主，平均 2.76 克/千克。碱解氮含量以很丰富为主，平均 168 毫克/千克。有效磷含量以丰富水平为主，平均 13.6 毫克/千克。速效钾含量以丰富水平为主，平均 177 毫克/千克。五级地主要分布在甘孜县、炉霍县、德格县，代表亚类为亚高山草甸土、暗褐土、高山草甸土。

表 2-39

甘孜州各地力等级地形部位分布情况

地形部位	一级地 面积（亩）	占本类型比例（%）	二级地 面积（亩）	占本类型比例（%）	三级地 面积（亩）	占本类型比例（%）	四级地 面积（亩）	占本类型比例（%）	五级地 面积（亩）	占本类型比例（%）	耕地面积合计（亩）
洪积扇							12 915	2.24	6 561	3.78	19 477
一级阶地	7 524	9.52	11 603	5.85	21 977	6.81	2 924	0.51			44 027
山前平原	71 528	90.48	161 791	81.60	172 521	53.48	192 387	33.37	239	0.14	598 464
山前倾斜平原			20 448	10.31	65 518	20.31	135 637	23.53	8 322	4.78	229 926
山前台地			4 437	2.24	18 590	5.76	67 085	11.64	39 463	22.73	129 575
坡地					43 983	13.63	165 514	28.71	119 004	68.55	328 500
合计	79 052	100	198 278	100	322 590	100	576 461	100	173 589	100	1 349 970

表2-40　　　　　　　　　　甘孜州各地力等级坡向分布情况

坡向	一级地		二级地		三级地		四级地		五级地		耕地面积合计（亩）
	面积（亩）	占本类型比例（%）	面积（亩）	占本类型比例（%）	面积（亩）	占本类型比例（%）	面积（亩）	占本类型比例（%）	面积（亩）	占本类型比例（%）	
平地	70 689	89.42	104 052	52.48	98 935	30.67	250 523	43.46	107 078	61.68	631 277
北					31 790	9.85	18 456	3.21	11 652	6.71	61 927
东北	3 559	4.50	250	0.13	10 631	3.30	13 305	2.31	1 967	1.13	29 713
东			7 362	3.71	59 004	18.29	177 642	30.82	20 973	12.08	264 980
东南	2 477	3.13	15 419	7.78	22 036	6.83	19 227	3.34			59 160
南			17 669	8.91	27 666	8.58	32 031	5.56	21 738	12.52	99 104
西南			9 748	4.92	18 303	5.67	22 198	3.85	6 806	3.92	57 055
西	2 326	2.94	43 301	21.84	48 125	14.92	36 184	6.28	1 547	0.89	131 481
西北			476	0.24	6 101	1.89	6 866	1.19	1 829	1.05	15 272
合计	79 051	100	198 278	100	322 590	100	576 461	100	173 589	100	1 349 970

表 2-41　　　　甘孜州各地力等级海拔分布情况

海拔	一级地		二级地		三级地		四级地		五级地		耕地面积合计（亩）
	面积（亩）	占本类型比例（%）	面积（亩）	占本类型比例（%）	面积（亩）	占本类型比例（%）	面积（亩）	占本类型比例（%）	面积（亩）	占本类型比例（%）	
<2 000 米	6 667	8.43	35 891	18.10	64 413	19.97	25 685	4.46	9 694	5.58	142 350
2 000~2 500 米			2 966	1.50	18 493	5.73	23 649	4.10	10 943	6.30	56 050
2 500~3 000 米	21 876	27.67	22 662	11.43	47 471	14.72	108 473	18.82	2 710	1.56	203 192
3 000~3 500 米	25 753	32.58	47 069	23.74	110 049	34.11	352 478	61.15	121 408	69.94	656 759
>3 500 米	24 756	31.32	89 690	45.23	82 163	25.47	66 175	11.48	28 834	16.61	291 619
合计	79 051	100	198 278	100	322 590	100	576 461	100	173 589	100	1 349 970

表2-42

甘孜州各地力等级常年降雨量分布情况

常年降雨量	一级地 面积（亩）	一级地 占本类型比例（%）	二级地 面积（亩）	二级地 占本类型比例（%）	三级地 面积（亩）	三级地 占本类型比例（%）	四级地 面积（亩）	四级地 占本类型比例（%）	五级地 面积（亩）	五级地 占本类型比例（%）	耕地面积合计（亩）
400~500米			1 439	0.73	7 929	2.46	86 200	14.95	2 710	1.56	98 277
500~600米	50 689	64.12	90 117	45.45	33 192	10.29	153 446	26.62	6 453	3.72	333 896
600~700米	1 783	2.26	22 731	11.46	71 752	22.24	299 541	51.96	143 771	82.82	539 578
700~800米	26 579	33.62	64 617	32.59	176 989	54.87	35 247	6.11	20 427	11.77	323 859
>800米			19 375	9.77	32 729	10.15	2 026	0.35	229	0.13	54 360
合计	79 051	100	198 278	100	322 590	100	576 461	100	173 589	100	1 349 970

表2-43　甘孜州各地力等级土壤质地分布情况

土壤质地	一级地 面积（亩）	一级地 占本类型比例（%）	二级地 面积（亩）	二级地 占本类型比例（%）	三级地 面积（亩）	三级地 占本类型比例（%）	四级地 面积（亩）	四级地 占本类型比例（%）	五级地 面积（亩）	五级地 占本类型比例（%）	耕地面积合计（亩）
砂土			403	0.20	2 107	0.65	6 587	1.14	281	0.16	9 379
砂壤			10 728	5.41	5 978	1.85	13 667	2.37	21 802	12.56	52 176
轻壤	9 358	11.84	54 013	27.24	76 484	23.71	70 453	12.22	20 361	11.73	230 670
中壤	56 169	71.05	85 418	43.08	178 028	55.19	358 369	62.17	51 003	29.38	728 986
重壤	13 524	17.11	47 545	23.98	58 274	18.06	118 135	20.49	73 541	42.36	311 019
轻粘			170	0.09	1 720	0.53	9 249	1.60	6 600	3.80	17 740
合计	79 051	100	198 278	100	322 590	100	576 461	100	173 589	100	1 349 970

表2-44 甘孜州各地力等级土壤理化性状分布情况

	一级地			二级地			三级地			四级地			五级地		
	均值（中值）	最大值	最小值	均值（中值）	最大值	最小值	均值（中值）	最大值	最小值	均值（中值）	最大值	最小值	均值（中值）	最大值	最小值
pH值	6.8	8.0	5.7	6.8	8.4	4.9	6.7	8.4	4.9	6.9	8.5	5.3	7.8	7.8	6.1
有机质	48.1	69.7	31.9	48.3	76.8	23.0	44.3	73.4	21.7	45.5	71.3	20.5	40.5	67.8	25.5
全氮	2.23	2.76	1.46	2.45	6.30	1.44	2.48	6.36	1.21	2.92	8.19	0.96	2.76	8.31	1.20
碱解氮	177	244	147	198	281	141	206	290	130	185	265	112	168	246	111
有效磷	26.1	38.0	15.0	28.5	53.0	6.0	30.2	54.0	7.0	24.2	44.0	4.0	13.6	34.0	3.0
速效钾	185	192	178	170	400	55	190	517	55	195	471	94	177	324	96

2.6.3 耕地地力等级要素汇总

由表 2-45 中地力条件可知，在地形部位中，一至四级地主要分布在山前平原，五级地主要分布在坡地；在坡向中，每个地力等级的旱地主要分布在平地；在海拔中，一级和二级地的旱地主要分布在海拔>3 000 米区域，三至五级地的旱地主要分布在海拔 3 000~3 500 米区域；在常年降雨量中，一级和二级地的旱地常年降雨量以 500~600 毫米为主，三级地的旱地常年降雨量以 700~800 毫米为主，四级和五级地的旱地常年降雨量以 600~700 毫米为主。由耕层理化性状可知，在质地中，一到四级地均以中壤为主，而五级地以重壤为主；各级地酸碱性中值均处于中性水平；在有机质中，一级和二级地的含量较高，三级至五级地的含量相对一级和二级地低；全氮含量一级至三级地含量略低于

表 2-45   甘孜州旱地各地力等级要素分布汇总

	地力等级	一级地	二级地	三级地	四级地	五级地
立地条件	地形部位	山前平原	山前平原	山前平原	山前平原	坡地
	坡向	平地	平地	平地	平地	平地
	海拔（米）	>3 000	>3 000	3 000~3 500	3 000~3 500	3 000~3 500
	常年降雨量（毫米）	500~600	500~600	700~800	600~700	600~700
耕层理化性状	质地	中壤	中壤	中壤	中壤	重壤
	pH（中值）	6.8	6.8	6.7	6.9	7.8
	有机质（克/千克）	48.1	48.3	44.3	45.5	40.5
	全氮（克/千克）	2.23	2.45	2.48	2.92	2.76
	碱解氮（毫克/千克）	177	198	206	185	168
	有效磷（毫克/千克）	26.1	28.5	30.2	24.2	13.6
	速效钾（毫克/千克）	185	170	190	195	177
	主要分布县	康定县、雅江县、道孚县	道孚县、泸定县、雅江县、康定县	康定县、九龙县、稻城县、理塘县	康定县、九龙县、稻城县、理塘县	甘孜县、炉霍县、德格县
	代表土壤亚类	棕壤、亚高山灌丛草甸土、亚高山草甸土、石灰性褐土	暗褐土、暗棕壤、亚高山草甸土、棕壤	棕壤、亚高山草甸土、暗棕壤、暗褐土、亚高山灌丛草甸土	暗褐土、亚高山草甸土、暗棕壤、石灰性褐土	亚高山草甸土、暗褐土、高山草甸土

四、五级地；而碱解氮、有效磷和速效钾含量均以五级地最低。由各级地主要分布县可知，一级地主要分布在康定县、雅江县、道孚县，二级地主要分布在道孚县、泸定县、雅江县、康定县，三级地主要分布在康定县、九龙县、稻城县、理塘县，四级地主要分布在康定县、九龙县、稻城县、理塘县，五级地主要分布在甘孜县、炉霍县、德格县。由各级地主要分布土壤亚类可知，一级地主要分布的是棕壤、亚高山灌丛草甸土、亚高山草甸土、石灰性褐土，二级地主要分布的是暗褐土、暗棕壤、亚高山草甸土、棕壤，三级地主要分布的是棕壤、亚高山草甸土、暗棕壤、暗褐土、亚高山灌丛草甸土，四级地主要分布的是暗褐土、亚高山草甸土、暗棕壤、石灰性褐土，五级地主要分布的是亚高山草甸土、暗褐土、高山草甸土。

2.7 对策与建议

2.7.1 耕地地力建设与土壤改良利用

2.7.1.1 兴修水利，改善灌溉条件

为了改善农田灌溉条件，实现农业高产、稳产，确保粮食安全，甘孜州应积极争取国家相关项目，采用国家、地方和农户多方投资、投劳形式，新建、扩建农田水利工程，加强对现有农田排灌工程的维修管理和配套、更新，以提高农业用水的保障率。

2.7.1.2 加快中低产田土改造治理，提高耕地综合生产能力

依据《全国中低产田类型划分与改良技术规范》（NY/T310-1 996），2009年，全州共有中低产田土 1 072 641 亩，占全州耕地面积的 79.46%。主要分布在甘孜县、康定县和石渠县，且面积均大于 8 万亩，分别为 20 100 亩、100 909 亩和 87 090 亩。甘孜州应该针对中低产田土低产原因，在改善灌溉条件的前提下，针对性地加快中低产田土改造治理。在改造方法上，对于低产田，普遍采取开沟排水、坚持水旱轮作，种植绿肥，增施热性肥料和速效磷肥，改良土质，垫高田面，栽稳健壮秧，湿润灌溉，适时晒田等。对于低产土，属瘦、薄土、羊肝土的，普遍采取加面田泥、淤泥或提土垒厢；粘重性土壤，进行掺沙，深耕炕土，增施有机肥，过沙土壤客土掺泥；斜坡土，则根据地形，因地制宜，分筑地埂，建成梯地；对于坡度大于25°的坡耕地和石质山地则应进行退耕还林、封山育林，防止水土流失和岩石裸露。在抓好土壤改良的同时，还应全面建立沿山沟、蓄水池、沉沙凼。

2.7.1.3 实施秸秆还田，增加土壤有机质，提高土壤肥力

增施有机肥，熟化培肥土壤是建设高产稳产农田的基础。虽然经过多年的农田土壤培肥，甘孜州耕地土壤肥力水平有所提高，但与高产稳产农田相比还有一定差距，土壤有机质含量总体还是偏低，土壤速效钾等速效养分含量较低。针对农田有机肥不足的现状，可通过争取国家有机质提升项目，加大秸秆还田量，平衡施肥，从而达到提高土壤有机质水平的目的。

2.7.2 耕地污染防治

以全国土壤污染普查甘孜州样点结果为基础，加强对耕地污染的监测，特别是面源污染调查，按污染程度进行分类，指导农业生产。特别是对城镇近郊粮油基地、蔬菜基地、水果基地等重要农业生态区开展农业污染普查，对污染耕地要进行科学治理，有限制地种植农作物，保障人民的生活健康和土地资源的可持续利用。

2.7.3 耕地资源合理配置与种植业结构调整

2.7.3.1 加强优质商品粮基地建设

耕地土壤是粮食生产的基础，随着人口的增长，耕地面积的减少，甘孜州人均耕地仅 0.9 亩，这给粮食安全造成了严重的威胁，也对耕地土壤质量提出了更高的要求。为了保障粮食安全，实现农业增产、农民增收，应在现有优质商品粮基地的基础上，结合新农村建设、农业综合开发、金土地工程、测土配方施肥、农田水利建设工程、农村道路建设工程等项目进一步加大商品粮基地建设。同时，为了实现商品粮基地的可持续发展，要合理配置已有的耕地资源，发展多样化种植结构。在河谷沿岸等地，应以水土保持、防林护林为主，林、农、牧相结合。对 25° 以上的坡地应逐步退耕还林、植树造林、建成防护林带，防止水土流失，发展果木类等经济林木，缓坡地带种草发展畜牧业。

2.7.3.2 加强特色农产品基地建设

蔬菜是甘孜州的优势产业，加强生产基地的建设、加工企业的培育、流通市场的建设，及技术服务体系的完善。突出蔬菜产业质量和效益，以绿色产业示范区建设平台，以优质无公害蔬菜规模生产为核心，以优质特色蔬菜占领、开拓市场，依靠科技，促使产业经济增长由数量型向质量效益型转变。

2.7.4 作物平衡施肥与无公害农产品基地建设

2.7.4.1 加大测土配方施肥土壤分析结果的开发使用力度

2009 年甘孜州被列为国家测土配方施肥项目县后，共采集 2 000 多个耕地

土壤样品，并进行了常规分析化验。2009 年甘孜州土壤有机质、全氮、碱解氮和速效钾含量处于丰富和很丰富水平，有效磷也以中等和丰富为主，因而在今后农田施肥中，应充分结合这些土壤分析成果，按照控氮、控磷、控钾的总体原则，结合各个乡（镇）和各个土种的具体分析结果，再考虑农作物种类和品种的具体需肥特性，真正做到测土—配方—施肥，最终实现因土、因作物平衡施肥，达到降低农业生产成本，实现农业增产、农民增收。

2.7.4.2　加强对农民施肥技术的指导

由于甘孜州广大农民文化素质普遍偏低，不懂得农田施肥应该根据土壤养分状况、作物需肥状况和肥料特性等进行合理施用。因此，农业部门在今后的农技推广工作中，应根据本次测土配方施肥得到的丰富成果，针对性地加大技术推广力度，让大部分农民掌握合理的施肥技术，实现控制氮肥、磷肥、钾肥用量，补充施用中微量元素肥料，做到"平衡施肥"，真正实现"因土施肥""因作施肥"，让农业增效，农民增收，实现农业的可持续发展。

2.7.4.3　加大"平衡施肥"宣传力度

一是加强对广大农民的培训和施肥技术指导，大力宣传各种肥料的特征、特性，不同肥料品种、不同肥料类型适用的作物种类、土壤类型、施肥时期、施肥方法等，降低农业生产成本，提高农民的经济收入。二是加大测土配方施肥的推广应用，实现大面积测土配方施肥。在提高作物产量的同时，保持和提高地力，达到科学、准确地施肥。

2.7.5　加强耕地质量管理

2.7.5.1　贯彻执行相关法律法规，切实加强耕地资源保护

耕地资源对农业生产的发展，对满足人们对物质的需求，乃至对整个国民经济的发展都有着十分重要的作用。必须认真贯彻落实《中华人民共和国农业法》《中华人民共和国土地管理法》《基本农田保护条例》《中华人民共和国耕地占用税暂行条例》（国务院令第 511 号）和《中华人民共和国耕地占用税暂行条例实施细则》（财政部、国家税务总局令第 49 号）、《四川省土地管理法实施办法》《四川省耕地占用税实施办法》等政策法规，各级地方政府应将耕地资源管理纳入各级政府的重要工作日程，作为年度目标考核内容，并制定切实可行的耕地质量建设与管理措施，狠抓落实，持之以恒，收到实效。

为了加强耕地质量管理，实现切实保护耕地的基本国策，首先要完善法律法规，建立耕地保护管理与地力培育机制，尽快制定并实施甘孜州耕地质量管理办法。同时，在对耕地的认识上，一是在继续重视保护高产稳产农田的同

时，要下大力气改造中低产田，使中低产田变高产田。二是在继续提倡依靠科技高产、再高产甚至超高产的同时，必须树立可持续再高产的思想。

2.7.5.2 政府应高度关注耕地质量建设和管理

政府要高度重视耕地质量管理工作，将耕地质量管理列入当前和今后相当长一段时期内农业建设工作的重要议事日程，加强耕地保护的地方行政力度，协调、动员相关单位和部门联合参与耕地质量管理工作。政府还要做好农户和技术人员之间的沟通管理工作，做好农户的培训工作，提高农民的科学意识，做到科学施肥、科学种田。农业部门要定时更新耕地数量、质量状况，确切掌握县内的耕地情况，做好耕地资源的配置及改良工作。

2.7.5.3 加大投资力度，大力开展耕地质量建设

要利用好现有耕地资源提高农业的综合生产能力，必须从抓耕地质量建设入手。为此，应加大耕地质量建设的投资力度，本着"取之于土、用之于土"的原则，从土地出让金收益中拿出不低于15%的资金用于农业土地开发和耕地质量建设，防止"占优补劣"，对开发、整理的新增耕地加大地力培肥建设，提高新开发、新整理耕地的质量，确保其农业综合生产能力。同时积极争取生态环境建设、农业综合开发、以工代赈和大型商品粮生产基地建设等工程资金，改善农业基础设施条件，改造中低产田，提高耕地生产潜力。

2.7.5.4 运用现代先进技术，建立耕地质量动态监测预警体系

按四川省土壤分类系统进行归并后，甘孜州耕地土壤有22个亚类，呈现出土壤类型的多样性和分布的复杂性。从长远考虑，甘孜州应积极着手，尽快逐步建立覆盖全州的耕地质量监测站，并按各土种的分布，尽快建立各土种的耕地质量监测点，定期发布各地耕地质量信息，并开展预测预报，为因土种植、因土改良、因土施肥和合理配置甘孜州土、肥、水资源提供科学依据。在实施耕地质量动态监测过程中，要运用 RS、GPS 和 GIS 等现代先进技术，建立耕地质量空间数据库与属性数据库，并实时更新；要开发并运用耕地质量管理系统，提高效率。

3 专题报告

3.1 专题报告一：甘孜州青稞适宜性评价

我国是一个人口大国，土地资源十分有限，人均土地资源占有量远远低于世界平均水平。作物种植的适宜性评价直接影响农业生产的发展。"民以食为天，食以地为本"，人们生存要以食物为基础，而生存所需最基本的食物——农产品，又必须从耕地中获取营养。耕地是具有肥力，能生长农作物的土地，它提供着人类生产生活所必需的原料。可以说，耕地是我们赖以生存的食物的"粮食"。然而，当前各地耕地肥料污染以及耕地利用不合理、生产力低等问题普遍存在。为了解决这些问题，加强我国耕地管理，提高耕地生产力刻不容缓。目前，我国耕地地区差异普遍存在，要做到因地制宜，根据耕地土壤养分的丰缺程度对作物的种植适宜性做出评价已必不可少。对作物进行的种植适宜性评价是农业生产的必要环节，也是农作物引进优良品种和科学布局的重要依据，现代农业更是把它作为种植模式与种植业结构调整的基础，其对实现种植业的效益目标有着极其重大的影响，对指导农作物生产也有着十分重要的意义。

青稞是我国青藏高原地区对多棱裸粒大麦的统称，也叫元麦、淮麦、米大麦，是大麦的一种特殊类型。因其内外颖壳分离，籽粒裸露，故又称裸大麦。青稞在我国具有悠久的栽培历史，在距今 3500 年前的新石器时代晚期的西藏昌果沟遗址内发现了青稞炭化粒，说明在新石器时代晚期，雅鲁藏布江流域中部已经形成了与长江、黄河流域遥相呼应的以青稞为主要栽培作物的农业。青稞主要分布在我国西藏自治区、青海省、四川省的甘孜州和阿坝州、云南省的迪庆州、甘肃省的甘南州等地区。在海拔 4 200~4 500 米的高寒地区，青稞几乎是唯一的作物。青稞是藏区的特殊商品和藏民族的主食，有着不可替代的作用，随着西部大开发及传统文化的升华，青稞在国民经济建设中具有重要的意义。

甘孜藏族自治州（简称甘孜州），位于四川省西部，青藏高原东南缘，属于青藏高原裸大麦地区，该地区地形地貌复杂，境内海拔差异大，立体气候明显，故形成了多样化的农业生态类型。该州青稞常年播种面积在 3.3 万公顷左右，以春青稞为主。目前，在青稞生产中，主要存在以下问题：首先，州内大部分地区土地贫瘠，降水量少，低温、霜冻、干旱、雹灾以及病虫害等自然灾害频繁。农业扩大再生产的能力和农业基础设施仍十分脆弱，农业设施和农田装备仍十分落后。由于受自然条件的制约，以及长期以来对农牧业生产基础设施建设的投入不足，青稞生产物质技术装备水平、保障程度差，抗御自然灾害能力弱。其次，耕作粗放，栽培技术水平相对低，普遍施肥不足。因而，要实现青稞高产，有必要根据青稞生长环境的肥力状况，提出合理施肥对策培肥土壤。

3.1.1 概况

3.1.1.1 青稞生产概况

甘孜州位于四川省西部，青藏高原南缘，平均海拔 3 500 米以上，全州总辖区面积为 15.3 万平方千米，现有耕地面积 10.75 万公顷。青稞是藏区的特殊商品和藏民族的主食，有着不可替代的属性。甘孜州青稞常年播种面积在 3.3 万公顷左右，以春青稞为主，占粮食总播种面积的 31.9% ~ 39.3%；总产量 8 万吨左右，占粮食总产的 29.5% ~ 39.1%，面积和单产历来都居该州粮食作物第一位。

3.1.1.2 青稞营养价值

青稞是藏民族群众的主食，而且营养成分丰富，蛋白质含量高，一般品种蛋白质含量在 10% ~ 14% 以上，最高的蛋白质含量可达 20.3%；脂肪含量为 1.5%。每 100 克青稞面粉中含维生素 B1 0.32 毫克，维生素 B2 0.21 毫克，维生素 B3 3.6 毫克；维生素 E 0.25 毫克。这些物质与人体健康发育均有一定的关系。据专家调查，藏区人民很少得糖尿病，与食用青稞食品有很大关系。青稞是酿造工业的重要原料，如酿造啤酒、白酒、青稞酒、酒精、麦芽糖等，民间用青稞酒、酥油、蜂蜜调制的"穷渣"是治疗低血压的良药。青稞还可制作糖果、味精、酒精、酵素、麦乳精、核苷酸、乳酸钙等。青稞还是发展养殖业的优质饲料，青稞的茎秆质地柔软，富含营养，秸秆含粗蛋白在 4% 左右，是高原冬季牲畜的主要饲草。据《本草拾遗》记载，青稞入药"味咸性平凉"，其主要功能是下气宽中、壮精益力、除湿发汗、止泻。青稞也是造纸工业原料和发展草编工业原料，可制作草帽、草席、玩具和各种装饰品。此外，青稞还是含β-葡聚糖最高的作物，据西藏自治区农牧科学院资料介绍，青稞是世界上麦类作物中β-葡聚糖含量最高的作物。

3.1.1.3 青稞品种资源现状

甘孜州青稞品种资源丰富，从20世纪50年代中期收集、整理、利用农家品种和引种以来，采取了系统育种，杂交育种（单交、复交），辐射育种等一系列育种手段，制定了明确的育种目标和相应的育种技术以及育种策略，采取了切实可行的技术路线。经过30多年的选育，先后育成了6248、1211、809、813、繁34、康青一号至康青九号等10余个品种（系），推广面积34万公顷，增产粮食30万吨，新增产值3.9亿元，对甘孜州青稞生产及其他类似藏区（四川省的阿坝州、甘肃省的甘南州、青海省的玉树州、云南省的迪庆州、西藏的昌都地区等）青稞生产做出了贡献。目前，甘孜州青稞的当家品种是康青三号、康青七号，其次为黑六棱、809、813及少部分地方品种，其中康青三号、七号占甘孜州青稞常年播种面积的50%以上。

3.1.1.4 青稞生态适应性

甘孜州属青藏高原东麓，立体气候特征明显，青稞生态条件复杂多样。甘孜州的农耕地主要分布在高原、山原的山丘和坝地，长江上游金沙江流域的浅切割平河坝、阶地，以及深切割的谷地。农耕地质量差、坡、粗、瘦，单位面积产出低而不稳，且年降雨量低，并集中在5～9月。基础设施滞后，农业仍没有摆脱靠天吃饭的局面。由于受地形、地貌、气候、社会、经济诸多因素的影响，农业生产具有旱作农业、高寒农业、雨养农业、立体农业等特点，生态条件复杂。全州90%以上耕地为一年一熟制，青稞垂直分布海拔上限高达4 000米，主要分布于一熟春作区，海拔2 600～3 900米，约占青稞总播面97%左右；春青稞主要分布于海拔2 900～3 500米的地区，占大春作物总播种面积的90%左右。青稞耐寒性强，是高原山区适应最广的粮食作物。青稞苗期在-3～-4℃的低温条件下不致受冻，其生育期较短，一般仅为110～125天，所需积温≥0℃为1 200～1 500℃，因此也是复种作物的良好前茬。

3.1.2 青稞适宜性评价

3.1.2.1 资料准备

本次甘孜州青稞适宜性评价充分利用了甘孜州耕地地力评价的资料，其中主要收集了1：50 000甘孜州土地利用现状图（2001年），1：50 000土壤图

（1991 年）和 1：50 000 甘孜州行政区划图（2003 年）等。

3.1.2.2 青稞适宜性评价指标体系

3.1.2.2.1 评价指标选择原则

选取评价因子主要有 3 个原则：

①对青稞生长及产量有比较大的影响；

②因子应在评价区域内的变异较大，便于划分等级；

③选取评价因子时，以稳定性高的因子为主，但一些对青稞生产影响大的不稳定因子也予以考虑。

3.1.2.2.2 评价指标选取方法

甘孜州青稞适宜性评价指标体系是结合甘孜州耕地特点，通过专家的充分论证和商讨，逐步建立起来的。首先，根据一定原则，结合甘孜州农业生产实际、农业生产自然条件和耕地土壤特征，参考四川省耕地地力评价因子集，从甘孜州耕地地力评价指标体系中选取，建立甘孜州青稞适宜性评价指标集。其次，利用层次分析法，建立评价指标与耕地适宜性间的层次分析型，计算单指标对青稞适宜性的权重。最后，采用特尔斐法，组织专家，使用模糊评价法建立各指标的隶属度。在青稞适宜性评价指标选取过程中，采用的特尔斐法充分发挥了专家对问题的独立看法，经过归纳、反馈，逐步收缩、集中，最终产生评价与判断，包括了专家的组织选择，确定提问提纲，调查结果的归纳、反馈和总结。

甘孜州青稞适宜性评价指标的选取综合考虑了境内土壤类型、气候条件、地形地貌、种植制度等因素，并按照数据可获取性、县内差异性、相互独立性、相对稳定性、对目标贡献性等原则，根据四川省耕地地力评价指标体系，在甘孜州耕地地力评价指标体系基础上，甘孜州青稞适宜性评价最终选取了土壤质地、pH 值、有机质、海拔、坡向、地形部位、有效磷、速效钾、灌溉能力、侵蚀程度 10 项指标。这些指标在评价区域中对青稞适宜性影响较大，且变异较大，在时间序列上具有相对的稳定性，且因子之间的独立性较强。本研究利用县域耕地资源管理信息系统 V4.0 软件，依据评价指标各自的属性和特点，排列为三个层次，其中青稞适宜性为目标层，土壤理化性状、耕地立地条件和土壤管理这些相对共性因素为准则层，再把影响准则层的 10 个单项因素作为指标层，这些要素间的关系构造了甘孜州青稞适宜性评价指标体系的层次结构，如图 3-1 所示。

根据川农业函〔2008〕36 号文件，在层次分析模型的基础上，也是利用县域耕地资源管理信息系统 V4.0 软件，通过各层次矩阵运算及检验，对准则层和指标层的权重进行了确定，得到的初步结果反馈给有关的专家，请专家重新修改或确认。经多轮反复流程形成最终的判断矩阵，以获得各评价因子的组合权重，结果如表 3-1 所示。

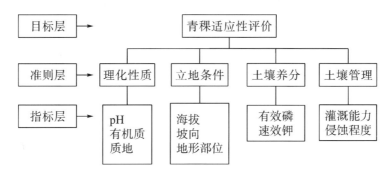

图 3-1 甘孜州青稞适应性评价模型构建示意图

3.1.2.2.3 评价指标隶属度

按照模糊数学的理论，将选定的评价指标与青稞适宜性之间的关系分为负直线型、峰型、戒上型 3 种类型的隶属函数。本次甘孜州青稞适宜性评价中参照川农业函〔2008〕36 号文件附表内容对定性的数据如灌溉能力、质地等指标，采用特尔斐法直接给定相应的隶属度；对定量的数据如 pH 值、有效磷、速效钾、有机质等指标，则采用特尔斐法与隶属函数法结合的方法确定各评价因子的隶属度函数，计算相应的隶属度。此项工作参考四川省农业厅土肥处组织有关专家完成（见四川省农业厅《四川省耕地地力评价工作方案》附表）的各评价指标隶属度，但甘孜州根据区域实际情况再多次修正，所有的评价因子隶属度确定均在县域耕地资源管理信息系统 V4.0 中完成，如表 3-2、表 3-3 所示。

表 3-1 　　　　　甘孜州适应性评价层次分析结果表

层次 A	层次 C				
	理化性质	立地条件	土壤养分	土壤管理	组合权重
	0.233 4	0.332 1	0.229 2	0.205 4	$\sum CiAi$
质地	0.350 8				0.081 9
pH 值	0.311 4				0.072 7
有机质	0.337 8				0.078 8
海拔		0.337 1			0.111 9
坡向		0.359 3			0.119 3

表3-1(续)

层次 A	层次 C				
	理化性质	立地条件	土壤养分	土壤管理	组合权重
	0.233 4	0.332 1	0.229 2	0.205 4	∑CiAi
地形部位		0.303 6			0.100 8
有效磷			0.540 5		0.123 9
速效钾			0.459 5		0.105 3
灌溉能力				0.476 2	0.097 8
侵蚀程度				0.523 8	0.107 6

注：以上数据由《县域耕地资源管理信息系统 V4.0》分析提供。

表 3-2 　　　　甘孜州耕地地力评价定量因子的隶属度函数

指标名称	函数类型	a 值	b 值	c 值	U1 值	U2 值
海拔	负直线型	0.000 526	1.171 243	0	1 339	2 226
pH 值	峰型	0.283 926	0	6.810 042	4.5	8.5
有效磷	戒上型	0.000 833	0	38.296 464	3	38.296 464
速效钾	戒上型	0.000 028	0	194.049 0	44	194.049
有机质	戒上型	0.003 472	0	37.706 80	20.5	37.706 80

表 3-3 　甘孜州耕地土壤质地、灌溉能力、地形部位、坡向隶属度及其描述

土壤质地		灌溉能力		地形部位		坡向	
隶属度	描述	隶属度	描述	隶属度	描述	隶属度	描述
1	中壤	1	保灌	1	一级阶地	1	平地
0.9	重壤	0.85	能灌	0.9	山前平原	0.95	东南
0.85	轻壤	0.6	可灌（将来可发展）	0.8	山前倾斜平原	0.9	东北
0.8	轻粘	0.4	无灌（不具备条件或	0.6	洪积扇	0.82	西
0.55	砂壤		不计划发展灌溉）	0.5	坡地	0.75	南
0.4	砂土			0.4	山前台地	0.7	西北
						0.6	东
						0.55	北
						0.4	西南

3.1.2.2.4　评价单元获取

在 ArcGIS9.3 软件中首先提取甘孜州土地利用现状图中的农用地部分，形成农用地地块图，再将其与甘孜州土壤图、甘孜州行政区划图进行交叉叠加，叠加所形成的图斑作为甘孜州青稞适宜性评价单元，使每个评价单元中拥有相同土地利用类型、土壤类型和明确的行政隶属。本次甘孜州青稞适宜性评价单元个数为 1 886 个。

3.1.2.2.5　评价单元赋值

首先将甘孜州测土配方施肥采样点位数据导入 ArcGIS9.3 软件中，然后采用地统计模块中的普通克里格插值（Ordinary Kriging）方法，在常规数理统计分析基础上对采样点位数据中的 pH 值、有机质、有效磷和速效钾进行插值，生成土壤养分分布图，再将插值图转化为 5 米×5 米的栅格，最后在 ArcGIS9.3 软件中通过空间分析模块（Spatial Analysis）进行加权统计赋值于评价单元。本次青稞适宜性评价中，土壤有效磷、速效钾、有机质、pH 值这 4 项指标是采用这种方法进行赋值的。而对无法插值但有相应图件资料的，是采用随土壤属性进行赋值的，如质地是在建立土壤图属性库时随土种输入土壤图中，作为土类的属性，在进行评价单元生成时将土壤图叠加，即得到各评价单元的指标属性。而对既无法进行插值也没有相应图件资料提供属性信息的评价因子，如灌溉能力等指标，是在县域耕地资源管理信息系统 V4.0 中采用以点代面的方式赋值于评价单元。

3.1.3　评价结果分析

3.1.3.1　适宜程度划分

甘孜州青稞适宜性程度划分是采用累积曲线分值法确定的，各等级的单元数和分级指数较为合理，便于在生产过程中进行实践性的操作。根据 1 886 个评价单元的适宜性指数，用累积曲线分值法划分适宜程度，评价指数划分标准如表 3-4 所示，分为高度适宜、适宜、勉强适宜和不适宜 4 种。最后在 Arc-GIS9.3 软件中进行了甘孜州青稞适宜性评价结果专题图的制作，使评价结果能够更加直观，且有效地指导农业生产实践。

表 3-4　　　　　　　　甘孜州青稞适宜性评价标准

适宜性	青稞适宜性指数
高度适宜	0.8~1.00
适宜	0.7~0.78
勉强适宜	0.5~0.7

3.1.3.2　青稞适宜性基本情况

以土壤质地、pH值、有机质、海拔、坡向、地形部位、有效磷、速效钾、灌溉能力、侵蚀程度10项指标构建的甘孜州青稞适宜性评价指标体系为基础，运用特尔斐法和层次分析模型在县域耕地资源管理信息系统 V4.0（CLRMIS4.0）中对甘孜州青稞适宜性进行了评价，得到甘孜州青稞适宜性等级，同时按甘孜州2010年土地详查的耕地总面积和各县的面积对评价单元的耕地面积进行平差处理。评价结果如表3-5所示。从表3-5中可以看出，全州高度适宜种植青稞的耕地面积有196 298.6亩，占到全州耕地总面积的14.54%，涉及的评价单元个数有353个；适宜种植青稞的耕地面积有663 454.7亩，占到全州耕地总面积的49.15%，涉及的评价单元个数有1 185个。以上两种在全州分布面积总共有859 753.4亩，占到全县耕地总面积的63.69%，占了全州耕地的绝大部分。勉强适宜种植青稞的耕地面积有294 558.0亩，占到全县耕地总面积的21.82%，涉及的评价单元个数有348个。

表3-5　　　　　　　甘孜州青稞适宜性评价结果面积统计表

适宜性	面积（亩）	面积百分数（%）	单元数（个）
高度适宜	196 298.6	17.0	353
适宜	663 454.7	57.5	1 185
勉强适宜	294 558.0	25.5	348

3.1.3.3　青稞适宜程度的行政区域分布

因评价单元中叠加了全州最新的行政区划图，因此以评价单元为对象，按行政区划统计全州各青稞适宜程度等级耕地在各县的分布情况，结果如表3-6所示。从表3-6中可以看出，高度适宜种植青稞的耕地分布在康定县、泸定县、丹巴县、九龙县、雅江县、道孚县、新龙县、白玉县、理塘县和乡城县10个县。其中在道孚县分布耕地面积最大，有83 672亩，占到全州高度适宜种植青稞耕地总面积的47.74%；其次在康定县分布也较多，其面积有32 213亩，占到全州高度适宜种植青稞耕地总面积的18.38%；而在丹巴县分布的高度适宜种植青稞的耕地最少，只有120亩；其他县分布的高度适宜种植青稞的耕地面积在1 400~27 500亩，且在泸定县、雅江县、白玉县和理塘县分布的面积都在5 000亩以上。

适宜种植青稞的耕地除石渠县外，在其他各县均有分布。其中在康定县分布耕地面积最大，有93 537亩，占到全州适宜种植青稞耕地总面积的

12.77%；而在色达县分布的适宜种植青稞的耕地最少，只有 3 084 亩；其他县分布的适宜种植青稞的耕地面积在 18 000~67 000 亩，且泸定县、九龙县、甘孜县、理塘县、巴塘县、稻城县和得荣县分布的面积都在 50 000 亩以上。

勉强适宜种植青稞的耕地分布在除雅江县和道孚县外的其他各县。其中在甘孜县分布此类型耕地面积最大，有 135 248 亩，占到全州勉强适宜种植青稞耕地总面积的 30.58%；其次在石渠县分布也较多，其面积有 87 090 亩，占到全州勉强适宜种植青稞耕地总面积的 19.69%；而在稻城县和九龙县分布的勉强适宜种植青稞的耕地最少，分别只有 177 亩和 758 亩；其他县分布的勉强适宜种植青稞的耕地面积在 1 300~50 000 亩，且在康定县、丹巴县、炉霍县、新龙县、德格县、白玉县、色达县分布的面积都在 10 000 亩以上。

表 3-6　　　　　甘孜州青稞适宜性评价程度的行政区域分布

县	高度适宜		适宜		勉强适宜		总计	
	面积（亩）	比例（%）	面积（亩）	比例（%）	面积（亩）	比例（%）	面积（亩）	比例（%）
康定县	32 213	18.38	93 537	12.77	14 350	3.24	140 100	10.38
泸定县	9 811	5.60	54 986	7.51	8 507	1.92	73 305	5.43
丹巴县	120	0.07	27 416	3.75	11 945	2.70	39 480	2.92
九龙县	4 744	2.71	51 377	7.01	758	0.17	56 880	4.21
雅江县	27 242	15.54	18 313	2.50			45 555	3.37
道孚县	83 672	47.74	31 798	4.34			115 470	8.55
炉霍县			19 980	2.73	48 480	10.96	68 460	5.07
甘孜县			65 752	8.98	135 248	30.58	201 000	14.89
新龙县	2 412	1.38	33 714	4.60	29 005	6.56	65 130	4.82
德格县			36 439	4.98	38 546	8.72	74 985	5.55
白玉县	6 214	3.55	45 694	6.24	31 882	7.21	83 790	6.21
石渠县					87 090	19.69	87 090	6.45
色达县			3 084	0.42	14 721	3.33	17 805	1.32
理塘县	7 411	4.23	55 552	7.58	1 342	0.30	64 305	4.76
巴塘县			66 443	9.07	7 147	1.62	73 590	5.45
乡城县	1 439	0.82	25 532	3.49	7 785	1.76	34 755	2.57
稻城县			51 393	7.02	177	0.04	51 570	3.82
得荣县			51 392	7.02	5 308	1.20	56 700	4.20
总计	175 277	100	732 401	100	442 291	100	1 349 970	100

3.1.4 建议

根据甘孜州青稞适宜性评价,本研究报告提出以下建议,以供甘孜州农技推广部门和青稞生产农民参考。

(1) 抢闲填茬种植绿肥

甘孜州青稞基本为一年一熟制,连续种植绿肥后,土壤有机质、土壤全氮、碱解氮、速效磷、速效钾可显著增加。抢闲填茬种植绿肥作物,是充分利用自然资源、气候条件、提高复种指数、培肥地力的有效途径。

(3) 合理施用化肥,提高青稞产量

在甘孜州青稞栽培中施肥中主要存在氮磷钾失衡的问题,不能满足青稞生长的需要。因而在施肥时要注意以下问题:重施腐熟有机肥,每亩用量800~1 000千克。有机肥、磷肥、钾肥全部做基肥施用,中上等地氮肥亦全部做基肥施用,生育期间一般不追肥,下等地叶片开始发黄时适量追施尿素。氮肥也可按基肥:追肥=6:4追施,但追肥时间应早,在二叶一心期结合降雨或灌溉追施,为青稞增蘖、增穗、增籽打基础。青稞孕穗以后到灌浆初期喷施0.3%磷酸二氢钾,对延长叶片功能、提高千粒重有很好的效果。产量水平在250千克/亩以上,施氮肥(N)8~10千克/亩、磷肥(P_2O_5)5~6千克/亩、钾肥(K_2O)5~6千克/亩;产量水平在200~250千克/亩,施氮肥(N)6~8千克/亩、磷肥(P_2O_5)4~5千克/亩、钾肥(K_2O)3~4千克/亩;产量水平在200千克/亩以下,施氮肥(N)4~5千克/亩、磷肥(P_2O_5)2~3千克/亩、钾肥(K_2O)2~3千克/亩。

(3) 在推荐施肥时,酸性土壤区域宜选择生理碱性肥料,或者施肥时配合施用石灰以改变土壤酸碱性;碱性土壤区域宜选择生理酸性肥料。除上述施肥对策外,还可以通过间作、套种、混种等方式种植青稞与豌豆(或蚕豆),利用豆科作物的固氮作用,为青稞提供更多的氮素,促进青稞的生长发育,从而达到提高产量的目的。

3.2 专题报告二:甘孜州酿酒葡萄产地土壤肥力状况 与施肥技术

甘孜藏族自治州位于四川省西部,青藏高原东南缘,平均海拔3 500米以上,全州总辖区面积15.3万平方千米,现有耕地面积10.75万公顷。地形地貌复杂，境内海拔差异大，立体气候明显，故形成了多样的农业生态类型。其中大渡河流域的丹巴县、康定县、泸定县和金沙江流域的得荣县、乡城县、巴塘县、稻城县属于典型的干热河谷气候，具有日照时间长、昼夜温差大、降雨量少、气候干燥、夏季凉爽的特点，很适应酿酒葡萄的生长，是业界公认的最佳酿酒葡萄栽培带，与法国的波尔多、美国的加州并称世界酿酒葡萄种植三大黄金地带，具有国内乃至世界一流生产酿酒葡萄的基础生态环境。甘孜州的葡萄种植历史悠久，在东部的泸定县、南部的巴塘县、北部的道孚县，都可以见到农家小院种植的鲜食葡萄。但由于交通、市场、技术、资金等多重因素制约，甘孜州的葡萄种植仅以庭园种植为主，品种杂、面积小、产量低，质量和效益不高，尚未形成产业化发展局面。2004 年以来，甘孜州良好的生态环境和适宜的种植条件受到国内外酿酒葡萄界的高度关注，云南香格里拉酒业有限公司、太阳魂酒业有限公司和甘孜州丹巴县康定红葡萄酒业有限公司等企业先后进入甘孜州建立酿酒葡萄生产基地和加工企业。

3.2.1 概况

3.2.1.1 酿酒葡萄发展现状

发展酿酒葡萄产业是甘孜州最具发展潜力、产业关联度高、增收带动力强、市场前景看好的一项新兴产业。甘孜州种植葡萄的历史悠久，无论是东部的泸定县、南部的巴塘县还是北部的道孚县，都可以看到农家小院种植的鲜食葡萄。但是由于历史、地理、交通、市场等因素的制约，甘孜州长期以来葡萄种植以庭园种植为主，品种杂、面积小，不成规模，只是作为附产物在部分县进行零星种植，没有形成产业。现在通过几年努力，集生产、加工、营销为一体的酿酒葡萄产业已具雏形。目前，在丹巴县、得荣县、乡城县、巴塘县引进赤霞珠、梅鹿辄、蛇龙珠等多个酿酒葡萄品种，建成酿酒葡萄原料生产基地5 000 余亩。丹巴县康定红葡萄酒业有限公司的 3 000 吨葡萄酒酿造生产线和万吨葡萄酒藏酒窖已建成投产，成功注册"康定红""美人谷""古碉"和"大渡河" 4 个商标，2010 年生产"康定红"黑标、蓝标、咖啡色标和精品橡木桶等系列酒 65 吨。得荣县太阳谷酒业有限公司也已完成公司注册、酒厂征地和建设规划等工作，正在开展酒厂基础设施和原料基地建设，并运用 2009年、2010 年在瓦卡村生产的酿酒葡萄，以翁甲酒堡的名义，试产出干红葡萄酒、葡萄冰酒、黑朗姆酒三个产品，成功注册"太阳魂"商标。2011 年，甘孜州 2 家葡萄酒酿造企业固定资产投资达到 2.337 亿元，设计产能 10 000 吨，2010 年实际产量 460 吨，年销售收入 3 719.984 万元，市场销售供不应求，占

有份额由于产量原因较低，特色产业对农户增收的辐射带动比例达到 20%
以上。

3.2.1.2 酿酒葡萄产区环境要求

酿酒葡萄正常生长需要的活动积温为 2 800~4 100℃，生长季（4~9 月）
≥10℃的有效积温为 1 100~1 800℃，年日照时数大于 1 900 小时，年降雨量
300~800 毫米，无霜期大于 160 天。甘孜州适宜生长酿酒葡萄的地区是海拔高
度在 1 800~2 500 米的雅砻江流域及其支流地区，海拔高度在 1 800~3 000 米
的金沙江流域及其支流地区，以及海拔高度在 1 600~2 700 米的大渡河流域及
其支流地区。

3.2.1.3 酿酒葡萄生产中存在的问题

甘孜州酿酒葡萄产业发展已经开始起步，产业化经营的雏形已基本形成，
农户种植葡萄的积极性高涨，发展态势强劲，发展潜力巨大，特色优势明显，
市场前景看好。但从整体推进情况看，酿酒葡萄产业进展不平衡，在推进发展
中还存在一些问题，主要表现在：一是发展规划不完善。无论是产业基地，还
是产品加工，目前还没有系统的发展规划，产业发展布局不尽合理，基地建设
没有落实到地块，产品加工布局有待进一步优化。二是基地建设滞后。原料基
地规模小，种苗供应不足，价格高，种植不连片，基地不成规模，目前种植面
积仅有 5 000 余亩，远远不能满足加工生产的需要，离规划目标差距还很大。
三是投入严重不足。葡萄种植周期长，前期投资较大，如果没有政府的扶持帮
助，依靠农民自己投资难以做大产业规模。四是体制机制不健全。企业与专业
合作组织和农户之间的利益联结机制不健全，"双赢"的长效机制有待进一步
完善，尤其是农民的组织化程度低。五是技术支撑薄弱。服务体系不完善，科
技研发水平不高，技术人员严重不足，种植管理粗放，标准化生产水平低。六
是市场开发不足。目前，企业生产加工的产品量少，销售渠道不宽，区域品牌
培育意识差，各自为政的现象突出，产品市场竞争力不强。为此，各县和各部
门必须充分认识加快推进酿酒葡萄产业发展的重要性和紧迫性，按照全州
"十二五"农业发展规划确定的思路和目标，把发展酿酒葡萄产业作为"十二
五"甘孜州发展现代特色农业、调整农业产业结构、增加农民收入的重中之
重，进一步强化工作措施，全力推动落实、做大做强优势特色产业。

3.2.1.4 酿酒葡萄发展潜力

甘孜州发展酿酒葡萄产业具有得天独厚的自然资源和广阔的市场空间。葡
萄酒的质量素有"七分原料，三分工艺"的说法，其品质主要取决于原料。
人们对葡萄酒消费需求的不断增长，为甘孜州发展酿酒葡萄提供了广阔的市场

空间。我国目前的葡萄酒人均消费只有 0.5 升，与世界人均 5.2 升的消费量还有很大差距。据有关人士预测，到 2020 年我国葡萄酒人均消费量将接近 1.5 升，由此可见，消费者对葡萄酒的需求将呈明显上升趋势，发展酿酒葡萄产业的潜力很大，消费市场的前景看好。为加快推进酿酒葡萄产业的发展，甘孜州把发展酿酒葡萄产业纳入了全州"十二五"农业发展规划，提出到 2015 年在全州建设 5 万亩酿酒葡萄基地，总产量达到 4 万吨，葡萄酒加工能力达到 2.4 万吨。为完成这一目标任务，州政府出台了《关于加快酿酒葡萄产业发展的通知》，对加快全州发展酿酒葡萄产业做了全面的安排部署，制定了相关的扶持政策，为酿酒葡萄产业发展提供了政策保障。

3.2.2　酿酒葡萄产地土壤肥力状况

3.2.2.1　土壤质地

酿酒葡萄宜生长在排灌便利、土壤结构适宜、理化性状良好、具有良好的排水性和透气性、适度贫瘠的土壤上，最适宜的土壤类型为砂砾土和砂壤土。在本次测土配方施肥中，甘孜州取土调查时将土壤质地划分为砂土、砂壤、轻壤、中壤、重壤和轻粘六个类型。适合种植酿酒葡萄的砂土和砂壤土分布面积不大，共计 61 555 亩，占全州耕地面积的 4.56%。其中砂土主要分布在泸定县、新龙县和白玉县，砂壤土主要分布在道孚县、德格县、甘孜县、石渠县、巴塘县、稻城县、色达县等，这些地方土壤质地符合酿酒葡萄种植要求。

3.2.2.2　土壤酸碱性

酿酒葡萄适宜生长土壤 pH 值为 6.0~8.3 之间，即微酸性至碱性环境。本次测土配方施肥中土样分析结果表明，甘孜州旱地土壤酸碱主要有其强酸性（<5.5）、微酸性（5.5~6.5）、中性（6.5~7.5）和碱性（7.5~8.5）四个类型。其中碱性的分布面积最大，有 820 820 亩，占全州耕地面积的 60.80%，主要分布在甘孜县、白玉县和石渠；其次是微酸性和中性，分布面积分别有 251 522 亩和 211 038 亩，分别占全州耕地面积的 18.63% 和 15.63%，微酸性主要分布在康定县、泸定县和稻城县，中性主要分布在道孚县、理塘县和乡城县。因而，这些地方的土壤酸碱性都适合酿酒葡萄的生长。

3.2.2.3　土壤有机质

甘孜州主要农耕地的土壤有机质基本上处于丰富和很丰富水平（见表3-7），有机质很丰富耕地面积有 607 981 亩，占主要农耕地面积的 45.04%，其中分布面积最大的是道孚县和巴塘县。丰富水平有 609 468 亩，占主要农耕地总面积的 45.15%，其中分布面积最大的是甘孜县、康定县和石渠。有机质含量为中等的耕地面积有 132 521 亩，占主要农耕地面积的 9.81%，主要分布在甘孜县、雅江县和理塘县。虽然大部分土壤有机质含量处于丰富及以上水平，但由于甘孜州大部分土壤质地偏轻，土壤通气条件良好，有机质矿质化作用明显。因此，农业生产中不可忽视有机肥的施用，特别是有机质含量相对较低的甘孜县。

表 3-7　　　　　甘孜州各县土壤有机质分级耕地面积统计

项目	等级（克/千克）			合计
	中等（20~30）	丰富（30~40）	很丰富（>40）	
面积（亩）	132 521	609 468	607 981	1 349 970
比例（%）	9.81	45.15	45.04	100

3.2.2.4　土壤养分

酿酒葡萄适宜生长在土层厚、肥力足的河谷中低坡（梯）地中，土层厚度一般以 80 厘米以上，土壤表层 10~15 厘米中有机质含量丰富为宜。

3.2.2.4.1　土壤全氮

土壤全氮的含量不但可以作为施肥的参考，还可以判断土壤肥力的高低。本次测土配方施肥中土样分析结果将全氮划分为四个等级：缺乏、中等、丰富和很丰富（见表 3-8）。甘孜州全氮主要以丰富和很丰富为主，其中很丰富水平（>2 克/千克）分布面积最大，共计 1 041 182 亩，占全州耕地面积的 77.12%，主要分布在甘孜县、道孚县和白玉县。其次是丰富水平（1.5~2 克/千克），共 287 408 亩，占全州耕地面积的 21.29%，主要分布在石渠县、康定县、德格县、泸定县和雅江县。而中等（1~1.5 克/千克）和缺乏（0.75~1.0克/千克）水平分布面积较小，共计 21 380 亩，占全州耕地面积的 1.58%，主要分布在泸定县。可见，整个甘孜州地区土壤全氮含量普遍偏高。

表 3-8　　　　　甘孜州各县土壤全氮分级耕地面积统计

项目	等级（克/千克）				合计
	缺乏(0.75~1.0)	中等(1~1.5)	丰富(1.5~2)	很丰富(>2)	
面积(亩)	251	21 129	287 408	1 041 182	1 349 970
比例(%)	0.02	1.57	21.29	77.12	100

3.2.2.4.2　土壤碱解氮

土壤中的氮素大多为有机态，必须转化成有效态氮才能被酿酒葡萄吸收利用。碱解氮也称有效性氮，它包括速效性氮（铵态氮、硝态氮），氨基酸态氮、酰铵态氮和易水解的蛋白质氮等。碱解氮含量的高低，可大致反映出近期内土壤中碱解氮素的真实水平，也与酿酒葡萄生长好坏有着一定的相关性。本次测土配方施肥中土样分析结果表明，甘孜州旱地碱解氮分级主要有中等、丰富和很丰富三个等级（见表 3-9）。其中很丰富（>150 毫克/千克）分布面积最大，有 1 023 409 亩，占全州耕地面积的 75.81%，主要分布在康定县、道孚县、石渠县、巴塘县、新龙县和理塘县。丰富（120~150 毫克/千克）这个等级分布面积较大，有 289 730 亩，占全州耕地面积的 21.46%，主要分布在甘孜县、白玉县、炉霍县和德格县。而中等（90~120 毫克/千克）这个等级分布面积最小，有 36 831 亩，仅占全州耕地面积的 2.73%，主要分布在甘孜县。可见，本次测土配方施肥土样分析结果说明，甘孜州土壤碱解氮含量整体较高，与长期以来大量施用氮肥有关。而部分区域相对较低，如甘孜县，其在今后的栽培中应合理施用氮肥。

表 3-9　　　　　　甘孜州各县土壤碱解氮分级耕地面积统计

项目	等级（毫克/千克）			合计
	中等（90~120）	丰富（120~150）	很丰富（>150）	
面积（亩）	36 831	289 730	1 023 409	1 349 970
比例（%）	2.73	21.46	75.81	100

3.2.2.4.3　土壤有效磷

磷素是酿酒葡萄生长中不可缺少的营养元素之一，对促进养分吸收。本次测土配方施肥分析结果表明，甘孜州已无极缺这个等级的分布，划分为很缺、缺乏、中等、丰富和很丰富五个等级（见表 3-10）。其中，分布面积最大的是缺乏水平，有 454 477 亩，占全州耕地面积的 33.67%，主要分布在甘孜县、石渠县和德格县。中等水平分布面积为 407 829 亩，占全州耕地面积的 30.21%，主要分布在道孚县、巴塘县和康定。丰富水平分布面积有 445 379 亩，占全州耕地面积的 32.99%，主要分布在康定县、理塘县、九龙县和得荣县。很缺水平分布最少，有 6 251 亩，占全州耕地面积的 0.46%，主要分布在德格县和炉霍县。很丰富所占面积有 36 034 亩，占全州耕地面积的 2.67%，主要分布在泸定县。

表 3-10　　　　　甘孜州各县土壤有效磷分级耕地面积统计

项目	等级（毫克/千克）					合计
	很缺 （3~5）	缺乏 （5~10）	中等 （10~20）	丰富 （20~40）	很丰富 （>40）	
面积（亩）	6 251	454 477	407 829	445 379	36 034	1 349 970
比例（%）	0.46	33.67	30.21	32.99	2.67	100

3.2.2.4.4　土壤速效钾

由于土壤母质原因，速效钾的含量变幅较大。本次测土配方施肥分析结果将速效钾划分为缺乏、中等、丰富和很丰富四个等级（见表3-11）。其中丰富水平（150~200毫克/千克）面积较大，共有584 816亩，占全州耕地面积的43.32%，主要分布在甘孜县、道孚县、泸霍县和白玉县。很丰富水平有376 619亩，占全州耕地面积的27.90%，主要分布在理塘县、新龙县、石渠县、雅江县和得荣县。中等水平有313 483亩，占全州耕地面积的23.22%，主要分布在康定县、巴塘县和泸定。缺乏水平分布面积最小，有74 295亩，占全州耕地面积的5.50%，主要分布在道孚县、泸定县和九龙。可见，整个甘孜州地区土壤速效钾含量普遍偏高。

表 3-11　　　　　甘孜州各县土壤速效钾分级耕地面积统计

项目	等级（毫克/千克）				合计
	缺乏 （50~100）	中等 （100~150）	丰富 （150~200）	很丰富 （>200）	
面积（亩）	74 295	313 483	584 816	376 619	1 349 970
比例（%）	5.50	23.22	43.32	27.90	100

3.2.3　酿酒葡萄施肥技术

3.2.3.1　当年定植的葡萄施肥技术

3.2.3.1.1　定植基肥

（1）施用量

每亩施入腐熟的有机肥3~5立方米，加台沃葡萄基肥与萌芽座果优化配方肥25~30千克。

（2）施用方法

开挖深60~80厘米、宽60~80厘米的定植沟，开沟时心土、表土分开放置，每亩施入腐熟的有机肥3~5立方米，加台沃葡萄基肥与萌芽座果优化配方肥25~30千克，再回填表土至定植沟的标准。回填时注意肥料与原土掺匀。回填后，亩用3亿哈茨木霉菌可湿性粉剂1千克，或台沃专用土壤调理剂2千克，按1∶10比例拌细土，均匀撒于定植沟后，再灌1次透水使沟内土壤沉实，并通过灌水让土壤处理剂随水下渗杀菌消毒、活化土壤。

（3）苗木处理

自根苗与嫁接苗木定植前要先将苗木根系剪留15厘米，用3~5度石硫合剂或1%硫酸铜对苗木消毒。为促进根系早生快发，可用生根剂按说明要求浸泡苗木根系后栽植，注意浓度不能提高。营养袋苗直接定植。

（4）定植技术

第一，自根苗与嫁接苗定植。挖20~30厘米深定植穴或20~30厘米深定植沟栽苗。苗木根系应自然伸展，向四周分开分布均匀。先填入部分土，轻轻提苗，使根与土壤密接。然后填土至与地面平，踏实灌透水，待水渗入后覆膜，10~20天再灌1次水。

第二，营养袋苗定植期。选多云、无风的阴天或晴天下午五时以后进行。在定植沟东侧半坡水位线上栽苗，深度以营养袋上表面深入地膜孔口下2厘米；苗木定植后要紧跟定植水，10天内再灌1~2次水保证成活。水浇过后及时扶起冲倒苗木，用清水喷雾洗净叶片。

3.2.3.1.2　追肥

（1）施肥量

要实现第二年结果，必须采取少量多次施用方法进行4次根际追肥，才能促进快速成林。第一次追肥在苗木定植后新叶开始生长时，每亩追施氮磷钾40%的台沃葡萄基肥与萌芽座果优化配方肥10千克（每株30克左右）。第二次追肥在第一次追肥后20~25天，每亩追施氮磷钾40%的台沃葡萄基肥与萌芽座果优化配方肥10~15千克（每株40~50克）。第三次追肥在7月上旬，每亩追施氮磷钾40%的台沃葡萄基肥与萌芽座果优化配方肥15~20千克（每株50~70克）。第四次追肥在8月上旬，每亩追施氮磷钾40%的台沃葡萄基肥与萌芽座果优化配方肥25~30千克（每株80~100克）。秋季按下文第二年生葡萄要求及时施基肥。

（2）施肥方法

在距苗木15~20厘米处打孔或挖坑施入，深度10~15厘米，宽15~20厘米，均匀分散撒入肥料，盖土填平。施肥后立即灌水使肥料溶解，便于肥料溶液渗入地表以下10~30厘米的根系分布层中。

3.2.3.2　第二、三年生葡萄施肥技术

3.2.3.2.1　基肥

基肥是葡萄生长中较关键的一次肥，需要每年施一次。挂果树更应注意在秋季果实采收后及时施入。基肥以农家肥为主，配合适量化肥施用。

（1）施肥量

定植后的第二、三年生葡萄每亩施用农家肥1~1.5立方米（每株5~10千克），配合施入氮磷钾40%的台沃葡萄基肥与萌芽座果优化配方肥60千克（每株0.2千克）。

（2）施用方法

采用挖沟或挖穴深施均可。施肥沟或穴的位置和深度随树龄增加而变化。上年新栽植的葡萄在树行一侧挖沟（穴），第二年在树行另一侧挖沟（穴），每年轮流在两侧挖沟（穴），以减少伤根数量。上年新栽植的葡萄（第二年生葡萄）树的施肥沟（穴）深30厘米、宽30厘米，施肥沟（穴）的内边距树行约为40厘米。第三年生葡萄树施肥沟（穴）深40厘米、宽30厘米，施肥沟（穴）的内边距树行约50厘米。施肥沟两壁要求上下一样宽，不能挖成上宽下窄状。遇到粗根时切断，促使分出更多的新根。把肥料撒在挖出的土堆上，随拌随回填到沟内。表层10厘米回填土不掺肥料。

3.2.3.2.2　追肥

第二、三年生葡萄主攻方向仍然是促进快速成林，培育健壮的树体，实现早日达到目标产量。第一、二次追肥用台沃葡萄基肥与萌芽座果优化配方肥，第三、四次用台沃葡萄膨大壮果优化配方肥。

第一次追肥在萌芽前进行。每亩追施氮磷钾40%的台沃葡萄基肥与萌芽座果优化配方肥10~15千克（每株30~50克）。在植株未施基肥一侧开施肥沟（穴），深6~8厘米、宽20厘米。施肥沟（穴）位置随树龄不同而变化，二年生树距植株40厘米左右，三年生树距植株50厘米左右。将肥料均匀分散撒入沟内，盖土填平施肥沟。灌水，使肥料溶解，渗入地表以下根系分布层中。第二次追肥根据树势选择在开花前1周或开花后1周进行。每亩追施氮磷钾40%的台沃葡萄基肥与萌芽座果优化配方肥15~20千克（每株50~70克）。追肥位置在植株上次未追肥的一侧或相邻植株之间。二年生树施肥沟（穴）距植株45厘米左右，三年生树施肥沟（穴）距植株55厘米左右。施肥沟深6~8厘米、宽20厘米，将肥料均匀分散撒入沟内，盖土填平施肥沟并灌水。第三次

追肥在果实迅速膨大期进行。每亩追施氮磷钾45%的台沃葡萄膨大壮果优化配方肥25~30千克（每株80~100克）。追肥位置在上次未追肥的一侧或相邻株之间，二年生树施肥沟（穴）距植株45厘米左右，三年生树施肥沟距植株55厘米左右。施肥沟深6~8厘米、宽20厘米，将肥料均匀分散撒入沟内，盖土填平施肥沟并灌水。第四次追肥在八月上中旬进行。每亩追施氮磷钾45%的台沃葡萄膨大壮果优化配方肥20~25千克（每株60~80克）。追肥位置在植株上次未追肥的一侧或相邻株之间，二年生树施肥沟距植株45厘米左右，三年生树施肥沟距植株55厘米左右。施肥沟深6~8厘米、宽20厘米。果实采收后，及时施基肥。

3.2.3.2.3 叶面补施台沃葡萄专用叶面肥

叶面补施台沃葡萄专用叶面肥主要针对土壤沙性重的二、三年生葡萄园。施用方法：在展叶后即可叶面喷施，每隔15天左右喷一次，共3~4次，最后一次叶面施肥应距采收期20天以上。每亩每次用台沃多元水溶性葡萄专用叶面肥200克，先用清水溶解，除去颗粒后，再兑水60千克左右，搅动均匀，于傍晚均匀喷施。

3.2.3.3 四年生以上的葡萄施肥技术

3.2.3.3.1 基肥

四年生以上的葡萄已达盛果期，为保持年年稳定高产高质，基肥是较关键的一次肥，需每年施一次。尽量做到在秋季果实采收后及时施入。目的是恢复树势、壮枝、壮芽、壮根与贮存营养，为来年产出高产、优质葡萄奠定基础。

（1）施用量

四年以上成龄葡萄，每亩施用农家肥2立方米（每株10~15千克）左右，氮磷钾40%的台沃葡萄基肥与萌芽座果优化配方肥60~80千克（每株0.3千克）。

（2）施用方法

采取挖沟施用。施肥沟位置和深度随树龄增加而变化。第一年在树行一侧挖沟（穴），第二年在树行另一侧挖沟（穴），两侧年年轮流，以减少伤根数量。施肥沟深50~60厘米、宽30~40厘米，施肥沟内边距树行60~70厘米。沟两壁要求上下一样宽，不能挖成上宽下窄状。遇到粗根时切断，促使分出更多的新根。把肥料撒在挖出的土堆上，随拌随回填到沟内。表层10厘米回填土不掺肥料。

3.2.3.3.2 追肥

（1）萌芽肥

在春季萌芽前的伤流期前施用。亩施氮磷钾含量40%的葡萄基施与萌芽座果优化配方肥 15~20 千克（每株 50~70 克）。施肥沟位置距植株 55 厘米左右，沟深 6~8 厘米、宽 20 厘米，尽量避免伤根。将肥料均匀分散撒入沟内，盖土填平施肥沟。灌水，使肥料溶解，渗入地表以下根系分布层中。秋季基肥施用充足的、树势旺的不施用。

（2）稳花稳果肥

根据苗势，在花前一周或花后一周施用。每亩追施氮磷钾含量 40% 的葡萄基施与萌芽座果优化配肥 15 千克（每株 50 克）左右。在距葡萄 55~60 厘米处挖坑施入，深 15~20 厘米，尽量避免伤根。施肥后立即灌水。对树势旺的葡萄不施用。

（3）浆果膨大肥

在葡萄浆果膨大期至浆果着色前施用。这是葡萄生产中的又一需肥高峰。每亩施用氮磷钾含量 45% 的葡萄膨大壮果优化配方肥 80 千克左右（每株 300 克）。在距葡萄 55~60 厘米处挖坑施入，深 20 厘米，尽量避免伤根。肥料与土壤掺匀后灌水，施后覆土。

（4）台沃葡萄专用叶面肥施用

在展叶后即可叶面喷施，每隔 15 天喷一次，共 3~4 次，最后一次叶面施肥应距采收期 20 天以上。每亩每次用台沃多元水溶性葡萄专用叶面肥 200 克，先用清水溶解，除去颗粒后，再兑水 60 千克搅动均匀，于傍晚均匀喷施。

附录 甘孜州主要作物施肥分区图

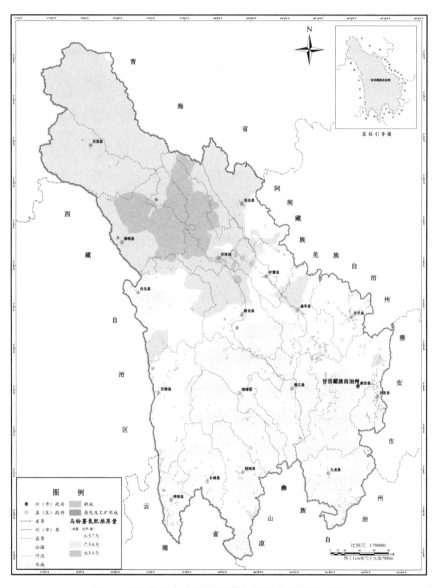

图1 甘孜藏族自治州马铃薯氮肥推荐施肥分区图

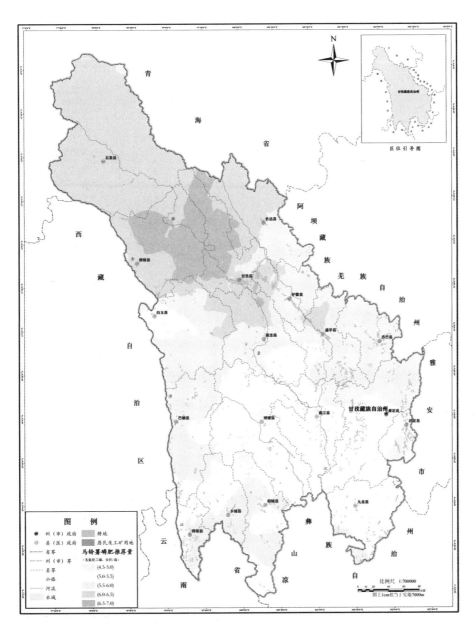

图 2　甘孜藏族自治州马铃薯磷肥推荐施肥分区图

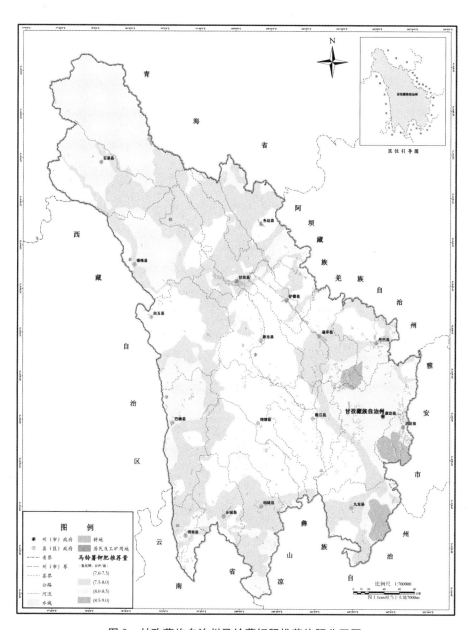

图3 甘孜藏族自治州马铃薯钾肥推荐施肥分区图

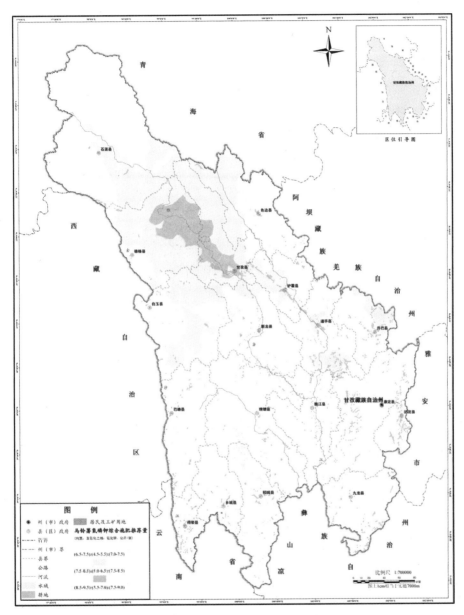

图4 甘孜藏族自治州马铃薯测土配方施肥分区图

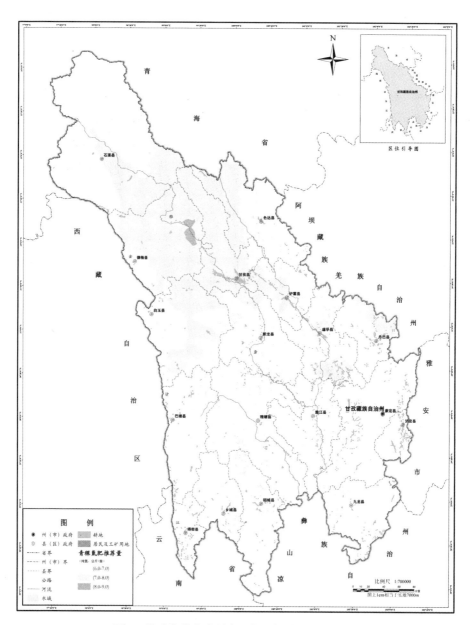

图 5　甘孜藏族自治州青稞氨肥推荐施肥分区图

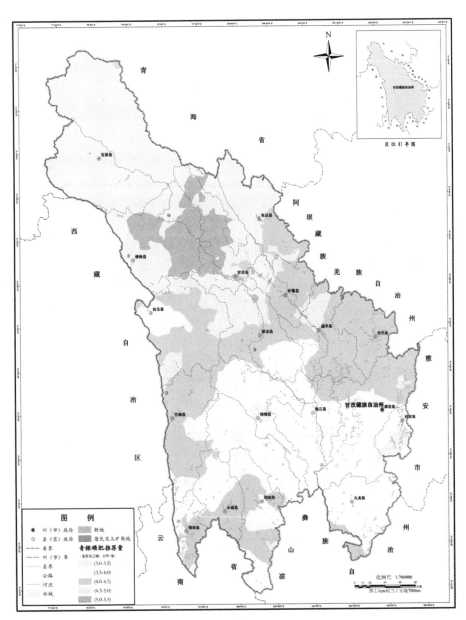

图6 甘孜藏族自治州青稞磷肥推荐施肥分区图

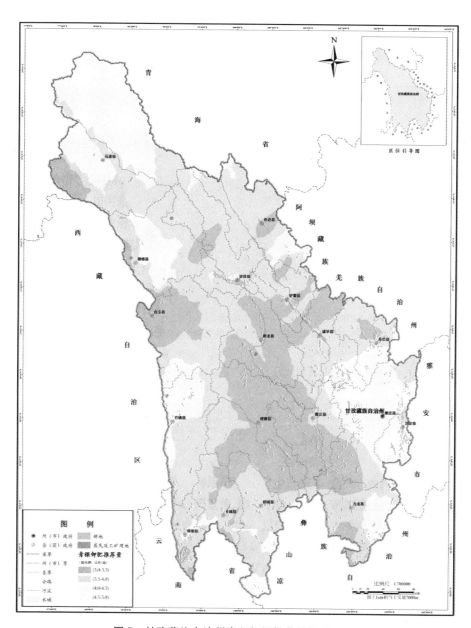

图7　甘孜藏族自治州青稞钾肥推荐施肥分区图

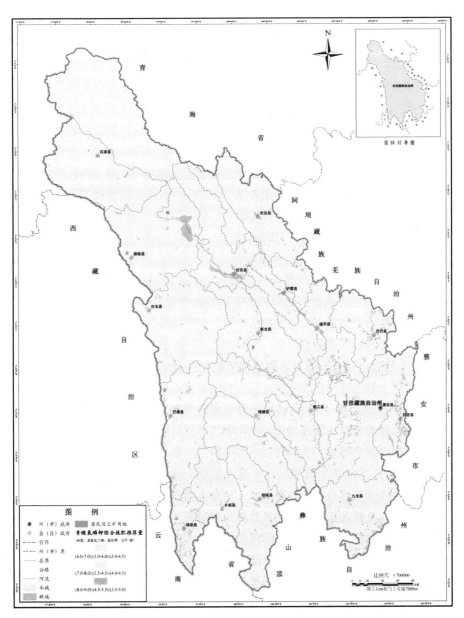

图8　甘孜藏族自治州青稞测土配方施肥分区图

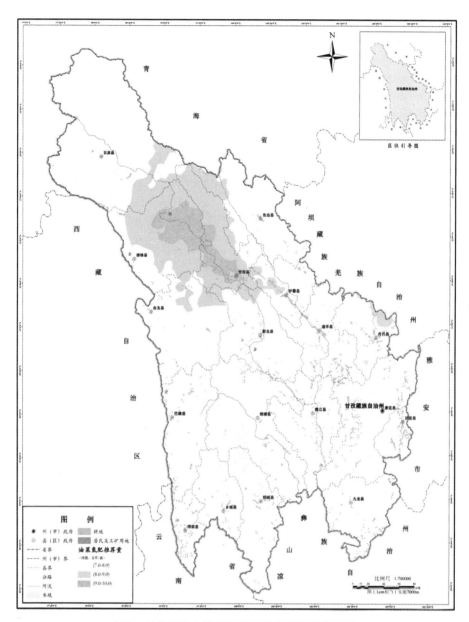

图 9　甘孜藏族自治州油菜氨肥推荐施肥分区图

耕地地力评价报告——以甘孜藏族自治州为例

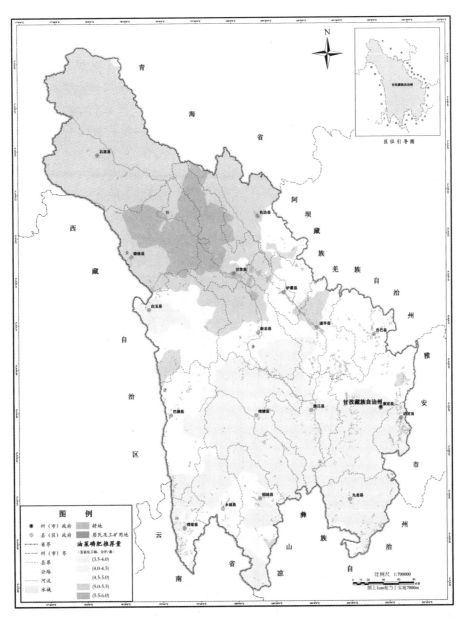

图10 甘孜藏族自治州油菜磷肥推荐施肥分区图

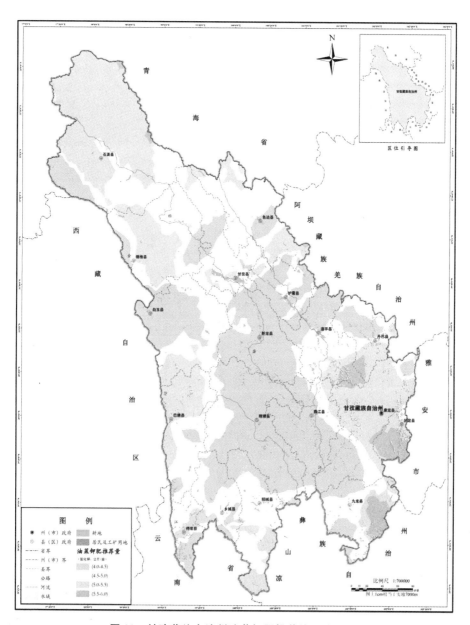

图11 甘孜藏族自治州油菜钾肥推荐施肥分区图

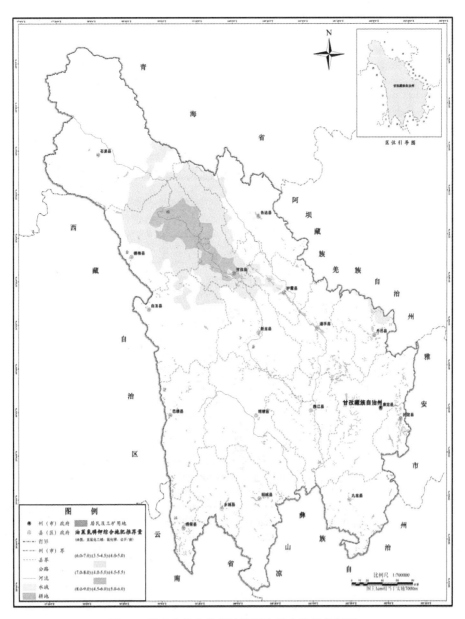

图 12 甘孜藏族自治州油菜测土配方施肥分区图

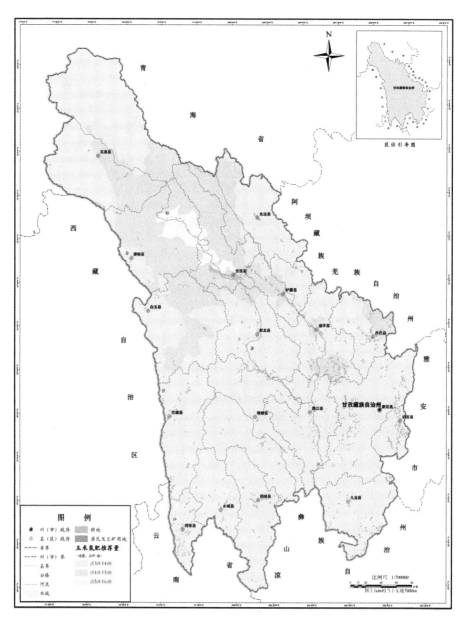

图 13　甘孜藏族自治州玉米氨肥推荐施肥分区图

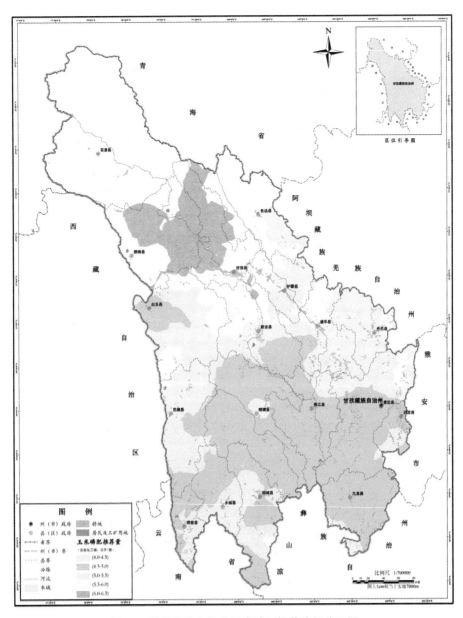

图 14　甘孜藏族自治州玉米磷肥推荐施肥分区图

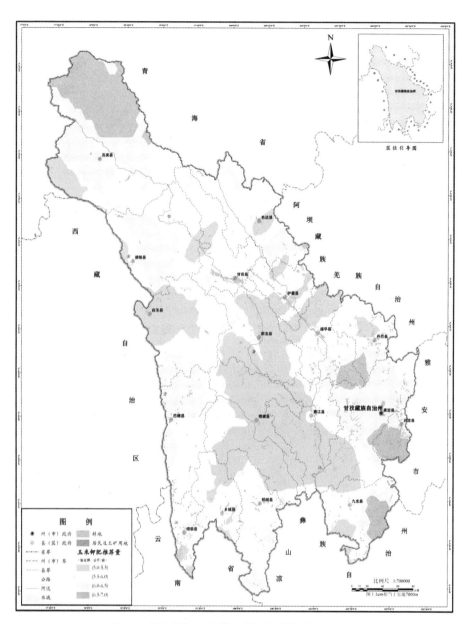

图 15　甘孜藏族自治州玉米钾肥推荐施肥分区图

　耕地地力评价报告——以甘孜藏族自治州为例

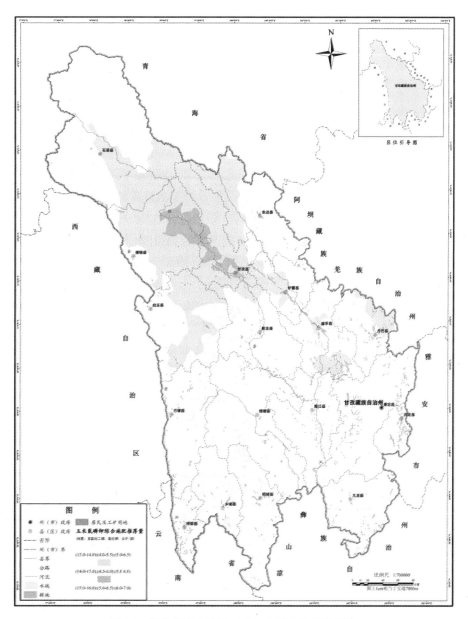

图16　甘孜藏族自治州玉米测土配方施肥分区图